国家级一流本科课程配套教材
普通高等教育"十一五"国家级规划教材
科学出版社"十四五"普通高等教育本科规划教材

细胞生物学实验技术教程
（第五版）

李 静　吴立柱　于 荣　王海龙　主编

科学出版社

北京

内 容 简 介

生命科学已经进入教材爆炸式增长时期。在坚持全员全过程全方位育人的背景下，本教材在第四版的基础上，补充并更新了实验，整合成7章66个实验。第一章为基础细胞生物学实验，第二章到第六章涵盖了高级细胞生物学实验、植物转基因技术及检测、线虫的实验操作、果蝇的实验操作及动物细胞的实验操作，第七章立足于对学生综合创新能力的培养，收录了首都师范大学参加全国大学生生命科学竞赛获得一等奖的实验论文。本教材力求培养学生求知问学的精神，沿着求真理、悟道理、明事理的方向前进，并引导学生培养综合能力与创新思维。本教材前六章均有实验目的、实验原理、实验结果及思考题等，并以二维码形式增加了彩图、拓展阅读、视频等数字资源。文前附加了教学课件申请单。

本教材适合作为农林类、医学类、师范类与综合性大学本科生和研究生相关课程的实验教材，也可供相关专业的科技人员参考使用。

图书在版编目（CIP）数据

细胞生物学实验技术教程/李静等主编. —5版. —北京：科学出版社，2024.5

国家级一流本科课程配套教材　普通高等教育"十一五"国家级规划教材　科学出版社"十四五"普通高等教育本科规划教材

ISBN 978-7-03-078555-8

Ⅰ. ①细…　Ⅱ. ①李…　Ⅲ. ①细胞生物学-实验-高等学校-教材　Ⅳ. ①Q2-33

中国国家版本馆CIP数据核字（2024）第099724号

责任编辑：王玉时 / 责任校对：严　娜
责任印制：赵　博 / 封面设计：无极书装

科学出版社 出版
北京东黄城根北街16号
邮政编码：100717
http://www.sciencep.com

北京华宇信诺印刷有限公司印刷
科学出版社发行　各地新华书店经销

*

2001年1月第　一　版　开本：787×1092　1/16
2024年5月第　五　版　印张：10 1/2
2025年1月第十一次印刷　字数：282 000

定价：52.00元
（如有印装质量问题，我社负责调换）

《细胞生物学实验技术教程》(第五版) 编写委员会

主　　编　李　静（首都师范大学）　　吴立柱（河北农业大学）

　　　　　于　荣（首都师范大学）　　王海龙（首都师范大学）

副 主 编　祁晓廷（首都师范大学）　　孟亚南（河北农业大学）

　　　　　李周华（首都师范大学）　　刘　娜（河北农业大学）

　　　　　王　娟（河北农业大学）　　张　洁（河北农业大学）

参　　编（以学校和编者姓氏汉语拼音为序）

　　　　　河北大学　　　　吴　琛

　　　　　河北农业大学　　窦世娟　杜　汇　韩胜芳　刘　刚　马春英　潘延云

　　　　　　　　　　　　　孙天杰　于秀梅　张　萃　张冬梅

　　　　　首都师范大学　　侯聪聪　李乐攻　刘良玉　盛仙永　杨志伟　张　敏

　　　　　云南大学　　　　孙建伟

视频编辑（以姓氏汉语拼音为序）

　　　　　河北农业大学　　郭文静　侯力峰　孔文慧　刘艳萌　田利锋　田士军

　　　　　　　　　　　　　杨毅清　周志军　朱玉菲

《细胞生物学实验技术教程》(第五版)
教学课件申请单

　　凡使用本书作为授课教材的高校主讲教师,可通过以下两种方式之一获赠教学课件一份。

1. 关注微信公众号"科学EDU"申请教学课件

扫上方二维码关注公众号 → "教学服务" → "样书&课件申请"

2. 填写以下表格后扫描或拍照发送至联系人邮箱

姓名:	职称:	职务:
手机:	邮箱:	学校及院系:
本门课程名称:		本门课程每年选课人数:
您对本书的评价及修改建议: 		

联系人:王玉时 编辑　　电话:010-64034871　　邮箱:wangyushi@mail.sciencep.com

第五版前言

习近平总书记指出:"科学实验课,是培养孩子们科学思维、探索未知兴趣和创新意识的有效方式。"我们在编写过程中力求"既要夯实学生的知识基础,也要激发学生崇尚科学、探索未知的兴趣,培养其探索性、创新性思维品质"。兴趣是创新的前提,是激发学生的科学家潜质的关键项。希望本教材能激发学生的兴趣,提升创新意识。

细胞生物学是生命科学发展的基石。首都师范大学的细胞生物学教学有着良好的历史积淀与教学传统,先后获得国家双语教学示范课、北京市教学成果一等奖、北京市精品课、北京市首批优质本科课程及首批国家级一流本科课程等荣誉。河北农业大学是河北省人民政府分别与教育部、农业农村部、国家林业和草原局共建的省属重点骨干大学,是我国最早实施高等农业教育的院校之一。此次首都师范大学与河北农业大学等一起编写本实验教材,可谓优势互补、珠联璧合。

习近平总书记要求:"广大青年科技人才要树立科学精神、培养创新思维、挖掘创新潜能、提高创新能力,在继承前人的基础上不断超越。"本教材第四版出版至今已有九个春秋。随着科学技术爆炸式地发展,细胞生物学的面貌日新月异。我们的实验教学理念仍然为"以科研向实验教学转化为实验教学改革的方向和动力,培养创新人才为实验教学核心目标"。本教材在第四版的基础上删除了部分内容;对植物、线虫、果蝇及动物细胞实验进行了扩充,单独成章,插编、更新了实用图表,力求图文并茂;在网络数字和虚拟仿真教学的背景下,增加了丰富的数字资源,包括教学课件、实验结果彩图、知识点拓展阅读及教学视频等;增加了学生参加国家级生命科学竞赛获得一等奖的实验案例。本教材将数字资源和传统纸质教材相融合,既保留了适于传统阅读的纸质版本,又提供了多样化的更好的阅读体验,各取所长,相得益彰。

本教材编写团队不仅长期从事细胞生物学领域的科学研究工作,而且多年承担本科生和研究生的细胞生物学理论与实验教学工作,积累了丰富的理论和实验教学经验,充分了解学科发展、教学需求和学生学习特点。编委们在教材撰写过程中特别注重教材的科学性、合理性和实用性,为了满足不同实验教学条件和不同专业的教学需求,遵循循序渐进的教学规律,将实验项目分为基础型、高阶型、应用型和综合型四个层次。本教材是编写团队智慧和经验的结晶,具体分工如下:第一章由李静、孟亚南、潘延云、王娟、吴立柱、于荣共同编写,第二章由窦世娟、韩胜芳、孟亚南、盛仙永、于荣、于秀梅、张冬梅共同编写,第三章由杜汇、刘刚、刘娜、马春英、祁晓廷、孙天杰、吴立柱、张萃、张洁、张敏共同编写,第四章由孙建伟编写,第五章由李周华编写,第六章由李静、吴琛共同编写,第七章由侯聪聪、李乐攻、刘良玉、王海龙、杨志伟共同编写。

本教材所收录视频的拍摄工作主要由河北农业大学实验实训中心和生命科学学院完成。周志军负责数字视频的筹划指导,刘艳萌负责视频拍摄的现场指导,侯力峰、郭文静、孔文慧负责视频的剪辑和合成,田利锋、田士军、杨毅清、朱玉菲负责布置视频场景和提供器皿等用具。

本教材在第四版的基础上修订、增编而成,谨向前四版的编写人员及相关出版人员表示衷心的感谢。同时致谢第五版的所有参编老师，以及出版过程中给予大力支持的科学出版社工作人员。本教材的再版受到了首都师范大学生命科学学院与河北农业大学教务处、生命科学学院各级领导和相关教师的鼎力支持，得到了河北农业大学一流本科课程建设项目和第十一批教学研究项目的资助。

鉴于编者水平所限，书中定有不妥和不足之处，敬请广大读者和各位同仁批评指正，以便本教材不断完善。

李　静　吴立柱

2024 年 1 月

目　　录

第五版前言

第一章　基础细胞生物学实验 ·· 1
　实验 1.1　细胞膜的渗透性 ·· 1
　实验 1.2　细胞的凝集反应 ·· 3
　实验 1.3　花粉粒活性染色鉴定 ·· 5
　实验 1.4　叶绿体和细胞核的密度梯度分离 ··· 7
　实验 1.5　细胞器的超活染色观察 ··· 9
　实验 1.6　植物细胞骨架的光学显微镜观察 ·· 11
　实验 1.7　果蝇诱捕和巨大染色体的观察 ··· 13
　实验 1.8　孚尔根染色法 ·· 14
　实验 1.9　血涂片的制备与显微观察 ··· 16
　实验 1.10　植物原生质体的制备及瞬时转化 ·· 17
　实验 1.11　植物细胞质膜的分离和纯化技术 ·· 19
　实验 1.12　质膜蛋白分选的膜泡运输观察 ··· 20
　实验 1.13　植物细胞程序性死亡的诱导和梯状 DNA 的观察 ·· 23

第二章　高级细胞生物学实验 ·· 26
　实验 2.1　氯化汞对水通道蛋白的抑制效应观察 ·· 26
　实验 2.2　核酸（DNA 和 RNA）的细胞核定位观察 ··· 28
　实验 2.3　微丝骨架的特异性标记 ·· 30
　实验 2.4　微管骨架的荧光显微标记实验 ··· 32
　实验 2.5　线粒体的特异性荧光标记观察 ··· 34
　实验 2.6　GFP-tubulin 转基因拟南芥的无菌培养及观察 ·· 35
　实验 2.7　流式细胞仪观察细胞周期 ··· 37
　实验 2.8　植物细胞胞吞作用及内膜系统的荧光显微镜观察 ·· 39
　实验 2.9　*Taq* 酶的提取、分离纯化及酶制剂的制备 ·· 42
　实验 2.10　木瓜蛋白酶的提取、活性测定及固定化 ·· 44
　实验 2.11　酵母双杂交实验 ··· 47
　实验 2.12　酵母单杂交实验 ··· 49
　实验 2.13　凝胶阻滞实验 ·· 51
　实验 2.14　双分子荧光互补技术 ··· 55

第三章　植物转基因技术及检测 ··· 59
　实验 3.1　多肉植物的无菌培养 ··· 59
　实验 3.2　小麦成熟胚愈伤组织诱导 ··· 60
　实验 3.3　根癌农杆菌介导的烟草叶盘法遗传转化 ··· 61
　实验 3.4　根癌农杆菌介导的大豆子叶节遗传转化 ··· 64

  实验 3.5 发根农杆菌介导的大豆毛状根转化 ································· 65
  实验 3.6 基因组 DNA 的提取 ··· 67
  实验 3.7 植物组织总 RNA 的提取 ··· 68
  实验 3.8 核酸浓度和纯度检测 ··· 71
  实验 3.9 逆转录 PCR 实验 ·· 74
  实验 3.10 real-time PCR 实验 ··· 76
  实验 3.11 Southern 印迹杂交实验 ··· 78
  实验 3.12 萤光素酶报告基因的检测 ··· 82

第四章 线虫的实验操作 ·· 84
  实验 4.1 线虫 DNA 的提取 ··· 84
  实验 4.2 线虫同步化 ··· 85
  实验 4.3 线虫总 RNA 提取 ··· 86
  实验 4.4 线虫的甲基磺酸乙酯（EMS）诱变 ······································ 87
  实验 4.5 线虫的杂交 ··· 88
  实验 4.6 线虫基因型的鉴定 ··· 89
  实验 4.7 线虫转基因及整合 ··· 90
  实验 4.8 线虫的 RNAi 实验 ··· 91
  实验 4.9 利用 CRISPR/Cas9 对线虫的基因组进行编辑 ······················· 92

第五章 果蝇的实验操作 ·· 94
  实验 5.1 果蝇中肠干细胞的形态与观察 ··· 94
  实验 5.2 果蝇 S2 细胞的培养与转染 ·· 96
  实验 5.3 果蝇基因组 DNA 的提取 ··· 99
  实验 5.4 果蝇肠道损伤检测（蓝精灵法）·· 101
  实验 5.5 果蝇精巢免疫荧光染色 ·· 102
  实验 5.6 果蝇凋亡检测（TUNEL 法）··· 105
  实验 5.7 果蝇幼虫脂滴的标记观察 ·· 108

第六章 动物细胞的实验操作 ·· 110
  实验 6.1 HeLa 细胞的传代培养 ·· 110
  实验 6.2 脂质体介导的外源基因转染 HeLa 细胞 ······························ 111
  实验 6.3 HeLa 细胞有丝分裂的形态观察 ·· 113
  实验 6.4 免疫共沉淀技术 ·· 114
  实验 6.5 DNA 损伤诱发的焦点形成检测 ·· 116
  实验 6.6 中性彗星实验 ·· 117
  实验 6.7 细胞核质分离提取技术 ·· 119

第七章 细胞生物学综合探究实验 ·· 122
  实验 7.1 植物促生性芽孢杆菌缓解水稻受土壤镉胁迫的作用 ············ 123
  实验 7.2 植物"类神经系统"传递伤害信号的探索研究 ···················· 129
  实验 7.3 哺乳动物细胞中非经典的 DSB 末端修切途径探索 ·············· 135
  实验 7.4 跳舞草应对环境刺激产生节律性运动规律的研究 ················ 141

主要参考文献 ··· 147

附录 ·· 150

第一章 基础细胞生物学实验

实验 1.1 细胞膜的渗透性

【实验目的】

1. 观察红细胞的溶血现象。
2. 了解细胞膜对物质通透性的一般规律。

【实验原理】

在等渗环境中水分子通过细胞质膜进出细胞的速率相等,细胞的体积不会发生变化。当等渗溶液中的溶质分子通过简单扩散进入细胞,则会增加细胞内含物的浓度并降低细胞内的水势,水分子进入细胞内的速率大于流出速率,红细胞的体积膨胀增大;当红细胞体积增加30%时呈球形,体积增加45%~60%时由于细胞膜损伤而发生溶血,此时血红蛋白逸出至等渗溶液内,溶液由红细胞的悬浊液变为非细胞结构的澄清液,这也是判别细胞是否发生溶血的一个直接现象依据。由于红细胞对各种溶质的通透性不同,导致不同溶质进入红细胞的速率不同,溶血时间也不相同。因此,发生溶血现象所需时间的长短可作为测量物质进入红细胞速率的参考指标,从而可以测定细胞膜对不同物质通透性的差别。

【材料、试剂和器具】

1. **材料** 鸡血,兔血。
2. **试剂** 0.17mol/L NaCl,0.17mol/L NH$_4$Cl,0.17mol/L CH$_3$COONH$_4$,0.17mol/L NaNO$_3$,0.12mol/L (NH$_4$)$_2$C$_2$O$_4$,0.12mol/L Na$_2$SO$_4$,0.32mol/L 葡萄糖,0.32mol/L 甘油,0.32mol/L 乙醇,0.32mol/L 丙酮,抗凝剂,0.9% NaCl,0.75% NaCl 等。
3. **器具** 普通光学显微镜,试管架,移液管架,注射器,50mL 小烧杯,5mL 移液管,试管,吸耳球等。

【实验步骤】

1. **血液处理**

(1) 兔血。采用心脏采血法,将 20mL 血液置于含 50mL 抗凝剂的试剂瓶中,加入 200mL 0.9% NaCl 溶液并混匀,置于 4℃冰箱暂存。使用时取 10mL 血液至 100mL 0.9% NaCl 溶液中,血细胞呈雾状悬液为佳。

(2) 鸡血。采用抹颈采血法,将 20mL 血液置于含 50mL 抗凝剂的试剂瓶中,加入 200mL 0.75% NaCl 溶液并混匀,置于 4℃冰箱暂存使用。使用时取 10mL 血液至 100mL 0.75% NaCl 溶液中,血细胞呈雾状悬液为佳。

2. **溶血现象观察**

(1) 取一支试管,加入 5mL 蒸馏水,再加入 0.5mL 稀释的鸡血,迅速混匀,作为溶血实验对照。

（2）另取一支试管，加入 5mL 葡萄糖溶液，再加入 0.5mL 稀释的鸡血，迅速混匀，作为不溶血实验对照。

（3）仔细观察比较溶血实验对照和不溶血实验对照的血细胞溶液差异，有雾状现象出现说明血细胞没有发生溶血，雾状现象消失说明血细胞已经发生溶血。

（4）使用兔血代替鸡血，分别使用蒸馏水和葡萄糖溶液作为对照，重复上述步骤（1）～（3），仔细观察并比较兔血溶血实验和不溶血实验的血细胞溶液差异。

3. 鸡红细胞膜对不同溶质通透性的观察　　另取 9 支试管，分别加入 5mL 等渗溶液，再加入 0.5mL 稀释的鸡血，迅速混匀，注意观察颜色有无变化？有无溶血现象？若发生溶血，记录溶血时间（自加入稀释鸡血到溶液变成红色透明澄清所需时间）。将观察到的现象和结果写入表 1.1.1，对实验结果进行比较和分析。

表 1.1.1　不同溶液中的溶血现象观察

溶液分组	是否溶血	时间	结果分析
①5mL 蒸馏水+0.5mL 稀释鸡血			
②5mL 葡萄糖+0.5mL 稀释鸡血			
③5mL NaCl+0.5mL 稀释鸡血			
④5mL NH_4Cl+0.5mL 稀释鸡血			
⑤5mL CH_3COONH_4+0.5mL 稀释鸡血			
⑥5mL $NaNO_3$+0.5mL 稀释鸡血			
⑦5mL $(NH_4)_2C_2O_4$+0.5mL 稀释鸡血			
⑧5mL Na_2SO_4+0.5mL 稀释鸡血			
⑨5mL 甘油+0.5mL 稀释鸡血			
⑩5mL 乙醇+0.5mL 稀释鸡血			
⑪5mL 丙酮+0.5mL 稀释鸡血			

4. 兔红细胞膜对不同溶质通透性的观察　　使用兔血代替鸡血，重复上述步骤 1～3，观察并记录自加入稀释兔血至溶血所需时间。

【实验结果】

不发生溶血的试剂溶液静置后有血细胞沉淀产生，发生溶血的试剂溶液静置后没有沉淀产生（图 1.1.1，数字资源 1.1.1）。

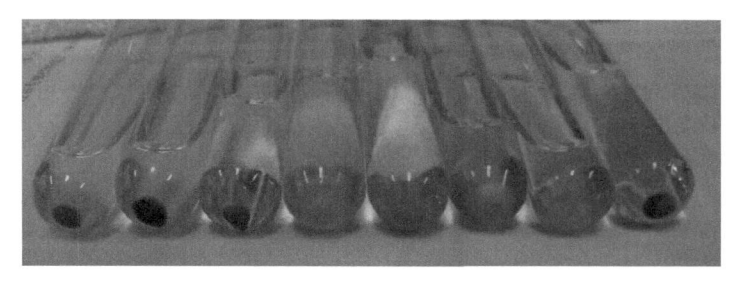

图 1.1.1　鸡血溶血实验静置后沉淀结果

【思考题】

1. 影响细胞膜通透性的因素有哪些？
2. 比较不同溶液溶血时间的差异并分析原因，总结归纳其规律。
3. 分析比较兔血和鸡血的溶血时间差异，分析其原因。
4. 比较不同实验组间溶血时间差异和溶血先后顺序的一致性，分析其原因。

【附录】

（1）抗凝剂：称取 NaCl 4.25g、柠檬酸钠 30g，加蒸馏水定容至 1L。
（2）纯水机的操作与使用视频参见数字资源 1.1.2。

实验 1.2　细胞的凝集反应

【实验目的】

1. 了解植物凝集素的生化特征。
2. 掌握细胞凝集的原理。

【实验原理】

在细胞膜表面，糖分子与脂或蛋白质相连形成细胞表面的糖脂或糖蛋白。目前认为细胞间的联系、细胞的生长及肿瘤发生均与细胞表面的分枝状低聚糖分子有关。

凝集素（agglutinin）是生命体内广泛分布的一种天然的非免疫性蛋白或糖蛋白，可与细胞膜表面的特异糖蛋白结合，具有凝集细胞和刺激细胞分裂的作用，是一个超级蛋白质家族，存在于众多植物的种子和营养组织中。动物细胞和植物细胞都能够合成并分泌凝集素。凝集素具有一个或以上与糖结合的位点，能够参与细胞的识别和黏着，将不同的细胞联系起来，因此在细胞识别和黏着反应中起重要作用。植物凝集素通常以其被提取的植物命名，如伴刀豆凝集素 A（concanavalin A，Con A）、麦胚素（wheat germ agglutinin，WGA）、花生凝集素（peanut agglutinin，PNA）和大豆凝集素（soybean agglutinin，SBA）等，凝集素是它们的总称。

大豆凝集素是最早被描述的植物凝集素之一，能特异性结合 *N*-乙酰基-D-半乳糖胺或半乳糖，与细胞膜上的受体分子形成交联，引起红细胞凝集反应。大豆凝集素具有凝集活性和促分裂活性，可对动物肠壁、刷状缘酶活性、小肠黏膜细胞代谢、肠道细菌生态物质代谢及免疫机能产生一定的影响，在糖生物化学、血型鉴定、生物医药等领域有着广泛的应用。大豆凝集素在大豆中含量较少，占大豆储藏蛋白含量的 5%～7%。

马铃薯凝集素可与 *N*-乙酰氨基葡萄糖特异结合，将信号传导到细胞内，诱导细胞的胞吞和转运，在兔眼结膜上皮细胞模型中表现出较好的促进内吞的作用。

【材料、试剂和器具】

1. **材料**　马铃薯块茎，黄豆，兔血，鸡血。
2. **试剂**　PBS 缓冲液（pH 7.2），抗凝剂，0.9% NaCl，0.75% NaCl 等。
3. **器具**　显微镜，1/100 电子天平，载玻片，盖玻片，吸管，5mL 移液管，研钵，50mL 烧杯，单面刀片，吸耳球，离心管，K_2EDTA（EDTA 为乙二胺四乙酸）真空采血管等。

【实验步骤】

1. 血液处理

（1）兔血。采用心脏采血法，采血 2mL 至 K_2EDTA 真空采血管内混匀，取 50~100μL 血液用 0.9% NaCl（哺乳类的生理盐水）稀释至 3mL。显微镜下镜检，稀释浓度至兔血细胞分散，平均间隔 1 个细胞体积为佳。

（2）鸡血。采用翅下静脉采集法或鸡心脏采血法，采血 2mL 至 K_2EDTA 真空采血管内混匀，取 50~100μL 血液用 0.75% NaCl（禽类的生理盐水）稀释至 3mL。显微镜下镜检，稀释浓度至兔血细胞分散，平均间隔 1 个细胞体积为佳。

2. 制备凝集素

（1）称取马铃薯去皮块茎 4g，切成小块，置于小烧杯内，铺平后沿烧杯内壁缓慢加入 10mL PBS 缓冲液，浸泡 0.5~1h（注意勿摇晃粗提液），浸出的粗提液中含有可溶性马铃薯凝集素。

（2）取黄豆 10 粒，压碎成颗粒状（不要研磨成粉末状），置于小烧杯内，沿烧杯内壁缓慢加入 10mL PBS 缓冲液，浸泡 0.5~1h（注意勿摇晃粗提液），浸出的粗提液中含有可溶性大豆凝集素。

3. 观察细胞凝集

（1）用滴管吸取凝集素和红细胞液各一滴至载玻片上，充分混匀，静置 20min 后盖上盖玻片，镜检观察。

（2）用滴管吸取 PBS 和红细胞液各一滴至载玻片上，充分混匀，作为对照，静置 20min 后盖上盖玻片，镜检观察。

【实验结果】

细胞凝集实验结果参见图 1.2.1（数字资源 1.2.1）。

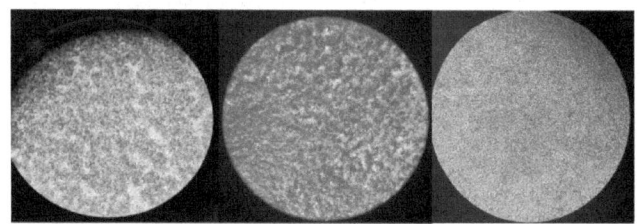

图 1.2.1 细胞凝集实验结果

【思考题】

1. 绘制所观察到的细胞凝集效果图。

2. 大豆凝集素与马铃薯凝集素的细胞凝集现象有何不同？为什么？
3. 请问伤口流血形成的血疤、市场上买的血制品和本试验的细胞凝集原理相同吗？
4. 抗凝剂（K₂EDTA）是否影响凝集素的细胞凝集？

【附录】

（1）PBS 缓冲液（pH 7.2）：称取 NaCl 7.2g、Na₂HPO₄ 1.48g、KH₂PO₄ 0.43g，加蒸馏水定容至 1L，调 pH 到 7.2。

（2）网络互动实验室光学显微镜的操作与使用视频参见数字资源 1.2.2。

实验1.3　花粉粒活性染色鉴定

【实验目的】

了解花粉活力测定的意义，掌握其测定的方法。

【实验原理】

花粉是有花植物的生殖细胞，外观呈粉末状，其个体称"花粉粒"。不同物种花粉的活力不同。一般来说，菊科、禾本科、十字花科等三核型花粉粒外壁薄，对干燥敏感，寿命较短；而蔷薇科、豆科、兰科等二核型花粉粒具有厚实的外壁，能忍耐干燥，寿命较长。例如，水稻花粉在田间 10min 后就几乎全部失去萌发能力，玉米花粉寿命仅为 24h 左右；而杏花粉的自然寿命为 19d，苹果花粉寿命为 7~8d。温度和湿度等外界因素是影响花粉活力的重要因素，低温和低湿有助于花粉维持较长时间的活力。花粉的分类参见数字资源 1.3.1。

在作物杂交育种、作物结实机理和花粉生理的研究中，常常涉及花粉活力的鉴定。掌握花粉活力快速测定的方法，是进行雄性不育株的选育、杂交技术的改良，以及揭示内外因素对花粉育性和结实率影响的重要基础。

1. TTC 染色法　　TTC（2,3,5-氯化三苯基四氮唑）是脂溶性光敏感复合物。它是呼吸链中吡啶-核苷结构酶系统的质子受体，能与正常组织中的脱氢酶反应，将 TTC 还原成不溶性的稳定的 TTF（呈红色）。具有活力的花粉呼吸作用较强，其产生的 NADH 和 NADPH 可以将无色的 TTC 还原成红色的 TTF，无活力的花粉呼吸作用较弱，TTC 颜色变化不明显（图 1.3.1）。

图 1.3.1　TTC 染色原理

2. Alexander 染色法　　Alexander 染色法是判断花粉活力的一种简便的方法，其染色液中的孔雀石绿可以使得纤维素构成的细胞壁着色，而酸性品红可使花粉原生质着色。如果花粉是可育的、有活性的，则花粉被染成紫红色；如果花粉是无育性的或死亡的，原生质的特性已发生变化，染色后呈现苍白色或青蓝色。

3. 碘-碘化钾（I₂-KI）染色法　　多数植物正常的成熟花粉粒呈球形，积累较多的淀粉，

I_2-KI 溶液可将其染成蓝色。发育不良的花粉常呈畸形,往往淀粉积累较少或不含淀粉,I_2-KI 溶液染色后呈黄褐色。因此可用 I_2-KI 溶液染色来测定花粉活力。

【材料、试剂和器具】

1. 材料　　百合花药。
2. 试剂　　TTC 染液（I_2-KI 溶液,Alexander 染液）等。
3. 器具　　电磁炉（配搪瓷缸）,光学显微镜,载玻片,盖玻片,吸水纸,纸抽,移液器,移液器吸头,1.5mL EP 管,EP 架,记号笔,标签纸卷,解剖镜,刀片,镊子,解剖针等。

【实验步骤】

实验步骤以 TTC 染色法为例,其他染液染色步骤相同,使用的染液不同。

（1）取百合花药并拍照记录花药开放程度,取花药中部切成 2~3mm 长小段,取相邻两小段分别放置在 1.5mL EP 管内。

（2）对照处理:取其中一管,加入 200μL 蒸馏水,100℃煮 3min,用解剖针轻轻搅拌,使花粉从花药中掉落,弃花药壁,静置 5min,小心吸出蒸馏水,加入 50μL TTC 染液,染色 15min。

（3）取另一支 EP 管,加入 50μL TTC 染液,用解剖针轻轻搅拌,使花粉从花药中掉落,弃花药壁,染色 15min。

（4）镜检观察,用移液器从底部吸取 20μL 花粉悬浊液滴到载玻片上,盖上盖玻片,在显微镜下镜检观察。统计具有活性花粉的百分率,拍照记录。

【注意事项】

（1）用解剖针搅拌时注意力度,防止花粉细胞破裂。
（2）盖盖玻片时用镊子夹起盖玻片一角,使盖玻片一边先与液滴接触,缓慢下放,可减少气泡产生。

【实验结果】

实验结果参见图 1.3.2（数字资源 1.3.2）。

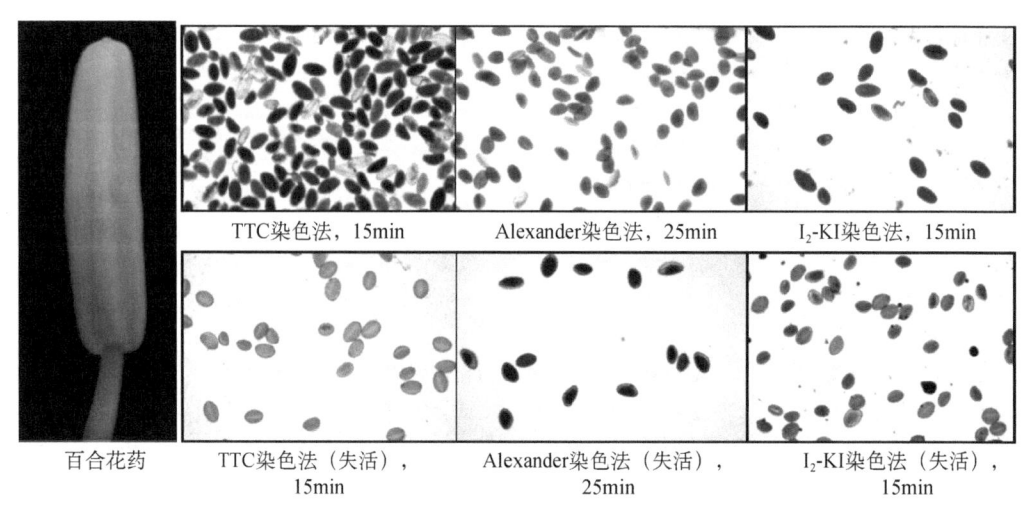

图 1.3.2　百合花粉粒活性染色鉴定结果

【思考题】

1. 使用 2~3 种染色方法染色并统计活性花粉的百分率。
2. 比较不同染色法获得的试验结果有何差异。

实验 1.4　叶绿体和细胞核的密度梯度分离

【实验目的】

1. 掌握分离真核细胞器的基本方法。
2. 了解本实验使用的两种离心技术的区别。

【实验原理】

离心技术（centrifugal technique）是根据颗粒在做匀速圆周运动时都会受到一个向外的力而发展起来的分离技术。离心技术可用于细胞器和大分子的分离。分离过程包括两个主要阶段：破碎细胞和细胞成分的分离。常用离心技术一般包括差速离心法和密度梯度离心法。

1. 差速离心法　采用逐渐增加离心速度或低速和高速交替进行离心，使沉降速度不同的颗粒在不同的分离速度和离心时间下分批分离的方法，称为差速离心法。该法常用于从组织匀浆中分离各种细胞器，见表 1.4.1。

表 1.4.1　差速离心形成的沉淀成分（植物）

沉淀	转速/(r/min)×时间/min	内容物
A	150×20	完整细胞
B	1 000×20	细胞核、细胞碎片
C	3 000×6	叶绿体
D	10 000×20	线粒体、溶酶体、微体
E	105 000×120	微粒体
F	105 000×20+0.26%脱氧胆酸钠	核糖体

2. 密度梯度离心法　当不同颗粒存在浮力密度差时，在离心力场下，在密度梯度介质中，颗粒或向下沉降，或向上浮起，一直移动到与它们各自的密度恰好相等的位置上形成区带，从而使不同浮力密度的物质得到分离。细胞或细胞器在密度梯度的介质中经足够大离心力和足够长时间则沉降或漂浮到与自身密度相等的介质处，并停留在那里达到平衡，从而将不同密度的细胞或细胞器分离。

【材料、试剂和器具】

1. 材料　菠菜或生菜叶片。

2. 试剂

（1）甘露醇，EDTA，Tris，巯基乙醇，蒸馏水等。

（2）匀浆缓冲液：5mmol/L MES [2-（N-吗啉基）乙磺酸]，6.8mmol/L $CaCl_2$，1mmol/L KH_2PO_4，0.3mol/L 甘露醇，0.3mol/L 山梨醇，0.4% PVP-30。

（3）CSK 缓冲液：100mmol/L KCl，3mmol/L $MgCl_2$，1mmol/L EGTA [乙二醇双（乙-氨基乙基醚）四乙酸，pH 8.0]，10mmol/L PIPES（1,4-哌嗪二乙磺酸，pH 6.8），300mmol/L 蔗糖

配制。

（4）30%和60% Percoll CSK 缓冲液：配制同（3）所述。

（5）2.3mol/L 蔗糖（78.2%）CSK 缓冲液：100mmol/L KCl，3mmol/L $MgCl_2$，1mmol/L EGTA（pH 8.0），10mmol/L PIPES（pH 6.8），2.3mol/L 蔗糖。

3. 器具　高速离心机，光学显微镜，微量移液器，天平，研钵，漏斗，10mL 离心管，纱布，滤膜（400 目），剪刀，量筒（10mL），载玻片，盖玻片等。

【实验步骤】

（1）取菠菜叶子，冲洗干净，去叶子主脉，称取 2g，剪碎放入研钵中。

（2）用带刻度的 10mL 离心管量取 10mL 匀浆缓冲液，先向研钵内倒入 5mL 匀浆缓冲液，充分研磨至糊状。

（3）三层纱布置于漏斗上过滤，10mL 离心管收集滤液；用剩下的 5mL 匀浆缓冲液冲洗研钵，一并倒在纱布上。用角度转子 5000r/min 离心 5min。

（4）弃上清液，沉淀中加入 2mL 0.5% Triton X-100（CSK 缓冲液）配制，充分混匀，静置 1~2min，5000r/min 离心 5min。

（5）加 1mL CSK 缓冲液（不含 Triton X-100）洗一次。

（6）将滤液倒入 300 目滤网（除去未裂解的细胞、组织等），10mL 离心管收集。

注：以上差速离心的产物是各种细胞器的混合物，下面采用密度梯度离心法分离细胞核和叶绿体。

（7）取 10mL 离心管，依次加入 2.3mol/L 蔗糖（78.2%）CSK 缓冲液、60% Percoll CSK 缓冲液及 30% Percoll CSK 缓冲液各 2mL。注意顺着离心管壁缓慢加入，防止梯度层被破坏。

（8）将步骤（7）得到的样品小心地铺在 30% percoll CSK 缓冲液上。

（9）换转子，两两平衡后，用水平转子 3200r/min 室温离心 32min。

（10）分别吸取一些各层的溶液进行改良品红苯酚染色、镜检。

【实验结果】

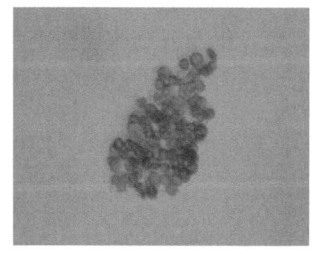

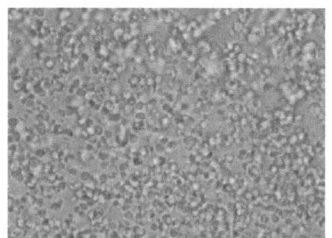

在密度梯度离心后，分层进行改良苯酚品红染色，镜检，观察不同大小、不同密度的细胞器的分布情况及它们的形态特征（图 1.4.1，数字资源 1.4.1）。

图 1.4.1　密度梯度分层结果及纯化的细胞器

【思考题】

1. 本实验使用了哪两种离心技术？它们在分离上有何不同？
2. 翔实记录实验结果，思考细胞核和叶绿体的功能。

【附录】

酸度计的操作与使用视频参见数字资源 1.4.2。

实验 1.5 细胞器的超活染色观察

【实验目的】

1. 观察细胞内线粒体、叶绿体和液泡系的形态、数量与分布。
2. 掌握细胞器的超活染色技术。

【实验原理】

活体染色是指对生活有机体的细胞或组织能着色但又无毒害的一种染色方法。它的目的是显示活体细胞内的某些结构，而不影响细胞的生命活动以致引起细胞的死亡。活体染色技术可用来研究生活状态下的细胞形态结构和生理、病理状态。其分类参见数字资源 1.5.1。

詹纳斯绿 B（Janus green B）和中性红（neutral red）两种碱性染料是活体染色剂中最重要的染料，对于线粒体和液泡系的染色各有专一性。詹纳斯绿 B 是毒性较小的碱性染料，当用它专一性地对线粒体进行活体染色时，线粒体内膜和嵴膜的细胞色素氧化酶可使詹纳斯绿 B 染料始终处于氧化状态而呈蓝色，即有色状态，而在线粒体周围的细胞质中，这些染料被还原为无色的色基，即无色状态；中性红为弱碱性染料，对液泡系（即高尔基体）的染色有专一性，只将活细胞中的液泡系染成红色，而细胞核与细胞质完全不着色，这可能与液泡中某些蛋白质有关。

【材料、试剂和器具】

1. 材料 人口腔上皮细胞，小鼠肝细胞，洋葱鳞茎内表皮细胞，黄豆幼根根尖，新鲜菠菜。

2. 试剂 Ringer 溶液，0.3%中性红染液，0.2%詹纳斯绿 B 染液，0.75% NaCl 等。

3. 器具 显微镜，恒温水浴锅，眼科剪，镊子，双面刀片，解剖盘，载玻片，盖玻片，吸管，牙签，吸水纸，移液器等。

【实验步骤】

1. 人口腔黏膜上皮细胞线粒体的超活染色观察

（1）将清洁载玻片放在 37℃恒温水浴锅盖的金属板上，滴 2 滴詹纳斯绿 B 染液预热 3min。

（2）实验者用牙签宽头在自己口腔颊黏膜处轻轻刮取少许口腔上皮细胞，将刮取上皮细胞的牙签端在预热的詹纳斯绿 B 染液中搅拌几下，此时即有口腔上皮细胞掉落至染液内，37℃染色 10min（注意不可使染液干燥，必要时可再加一滴染液），盖上盖玻片，用吸水纸吸去四周溢出的染液，置显微镜下镜检观察。

（3）在低倍镜下，选择平展的口腔上皮细胞，换高倍镜或油镜进行观察。可见扁平状上皮细胞的核周围胞质中，分布着一些被染成蓝绿色的颗粒状或短棒状的结构，即线粒体。

2. 小鼠肝细胞线粒体的超活染色观察

（1）用脊椎脱白法处死小鼠，置于解剖盘中，剪开腹腔，取小鼠肝边缘较薄的肝组织块，放入表面皿内。用吸管吸取 Ringer 溶液，反复浸泡冲洗肝脏，洗去血液。

（2）在干净的凹面载玻片的凹穴中，滴加詹纳斯绿 B 染液，再将肝组织块移入染液。注意不可将组织块完全淹没，要使组织块上面部分半露在染液外，这样细胞内的线粒体表面可充分得到氧化，易被染色。当组织块边缘被染成蓝绿色时即成（一般需染 20～30min）。

（3）吸去染液，滴加 Ringer 溶液，用眼科剪将组织块着色部分剪碎，使细胞或细胞群散出。然后，用吸管吸取分离出的细胞悬液，滴一滴于载玻片上，盖上盖玻片进行观察。

（4）在低倍镜下选择不重叠的肝细胞，在高倍镜或油镜下观察，可见具有 1～2 个核的肝细胞质中，有许多被染成蓝绿色的线粒体，注意其形态和分布状况。

3. 洋葱鳞茎表皮细胞线粒体的超活染色观察

（1）用吸管吸取詹纳斯绿 B 染液，滴一滴于干净的载玻片上，撕取一小片洋葱鳞茎内表皮置于染液中，染色 15min。

（2）用吸管吸去染液，加一滴 Ringer 溶液，注意使内表皮组织展平，盖上盖玻片进行观察。

（3）在高倍镜下，可见洋葱表皮细胞中央被一大液泡所占据，细胞核被挤至一侧贴细胞壁处。仔细观察细胞质中线粒体的形态与分布。

4. 大豆根尖细胞液泡系的中性红染色观察

（1）实验前将大豆成熟种子置于培养皿内潮湿的无菌滤纸上，室温培养，待其萌发后胚根伸长到 1cm 左右时备用。

（2）用双面刀片切取幼苗根尖（1～2cm），将根尖纵切出 0.5mm 厚片层，将片层放入载玻片上的中性红染液中，染色 20min。

（3）盖上盖玻片，并用镊子轻轻下压盖玻片，将根尖压扁利于镜检观察。

（4）在高倍镜下，先观察根尖部分生长点的细胞，可见细胞质中散在很多大小不等的染成玫瑰红色的圆形小泡，这是初生的幼小液泡。然后由生长点向伸长区观察，在一些已分化长大的细胞内，液泡的染色较浅，体积增大，数目变少。在成熟区细胞中，一般只有一个淡红色的巨大液泡，占据细胞的绝大部分，将细胞核挤到细胞一侧贴近细胞壁处。

5. 叶绿体的形态和分布观察

（1）用两片洋葱鳞茎夹住 1 片菠菜叶片，用双面刀片修出梯形材料。

（2）用左手的拇指与食指、中指夹住实验材料梯形下端，大拇指低于食指 2～3mm，以免被刀片割破。材料伸出食指外 2～3mm，将刀口向内对着材料，左手的食指一侧应抵住刀片的下面，使刀片始终平整，用右手的臂力向自身方向拉切。

（3）连续切下数片后，置于 0.75% NaCl 溶液中，挑选透明的菠菜薄片用于镜检观察。在切下的材料边缘更容易观察到单层完整细胞内的叶绿体分布和形态。

【实验结果】

实验结果参见图 1.5.1（数字资源 1.5.2）。

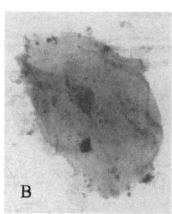

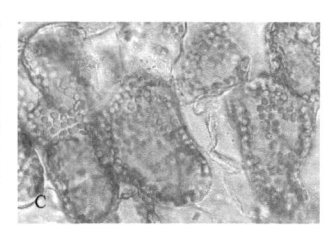

图 1.5.1 不同细胞器的染色观察

A.大豆根尖细胞的液泡系中性红染色；B.口腔上皮细胞线粒体的詹纳斯绿 B 染色；C.菠菜细胞的叶绿体

【思考题】

1. 用一种活体染色剂对细胞进行超活染色时，为什么不能同时观察到线粒体、液泡系等多种细胞器？
2. 如何使细胞内线粒体的染色更加清楚？
3. 高等动物和高等植物细胞中的线粒体形态、数量和分布上有何不同？
4. 根据观察结果，试推想植物细胞液泡系的形态演进情况。
5. 描述叶绿体的分布和形态特征。

【附录】

（1）Ringer 溶液：称取 NaCl 8.5g，$CaCl_2$ 0.12g，$NaHCO_3$ 0.20g，KCl 0.14g，Na_2HPO_4 0.01g，葡萄糖 2.0g，蒸馏水定容至 1L。

（2）显微成像系统的操作与使用视频参见数字资源 1.5.3。

资源 1.5.3

实验 1.6　植物细胞骨架的光学显微镜观察

【实验目的】

了解细胞骨架的结构特征及其制备技术。

【实验原理】

细胞骨架（cytoskeleton）是由蛋白质丝组成的复杂网状结构，根据其组成成分和形态结构可分为微管、微丝和中间纤维。它们对细胞形态的维持，细胞的生长、运动、分裂、分化，物质运输，能量转换，信息传递，基因表达等起到重要作用。Triton X-100 是一种常用的非离子型去垢剂，可以把细胞膜上的膜蛋白溶解下来，细胞内其他可溶蛋白质随之流出胞外，而细胞骨架系统的蛋白质在该条件下能够相对稳定存在，被保留下来。当用适当浓度的 Triton X-100 处理细胞时，可将细胞质膜和细胞质中的蛋白质及全部脂质溶解抽提，但细胞骨架系统的蛋白质不受破坏而被保留下来，经戊二醛固定、考马斯亮蓝 R250 染色后，使得细胞骨架得以清晰显现。

【材料、试剂和器具】

1. 材料　新鲜洋葱鳞茎，人口腔上皮细胞。

2. 试剂　M-缓冲液，磷酸缓冲液（pH 6.8），0.2%考马斯亮蓝 R250，2% Triton X-100，3%戊二醛等。

3. 器具　普通光学显微镜，50mL 烧杯，2mL EP 管，吸管，灭菌牙签，载玻片，盖玻片，镊子，剪刀，吸水纸，擦镜纸，酒精灯，染色缸等。

【实验步骤】

1. 观察洋葱鳞茎内表皮细胞的细胞骨架

（1）撕取 3 片洋葱鳞茎内表皮（约 0.5cm×0.5cm 大小），置于含有 2mL pH 6.8 磷酸缓冲液的 2mL EP 管内，盖上盖后缓慢上下颠倒，使其与药品充分接触。

（2）吸去磷酸缓冲液，加入 1.5mL 2% Triton X-100，处理 15min。

（3）吸去 Triton X-100，用 M-缓冲液洗 3 次，每次 3min。

（4）吸去缓冲液，加入 1.5mL 3%戊二醛，使材料完全浸没于固定液中固定 20min。

（5）吸去固定液，用 pH 6.8 磷酸缓冲液洗 3 次，每次 3min。

（6）吸去缓冲液，加入 0.2%考马斯亮蓝 R250，染色 20min。

（7）用蒸馏水洗 1～2 次，将洋葱鳞茎内表皮展于载玻片上，盖上盖玻片，于光学显微镜下镜检观察。

2. 观察人口腔上皮细胞的细胞骨架

（1）涂片：用灭菌牙签刮取人口腔上皮细胞，涂片、酒精灯上烤片。

（2）2% Triton X-100 处理，室温放置 15～20min（室温染片缸）。

（3）M-缓冲液洗 3 次。

（4）固定：3%戊二醛固定 15～20min（室温染片缸）。

（5）磷酸缓冲液洗 3 次，滤纸吸干。

（6）染色：0.2%考马斯亮蓝 R250 染色 2min（室温染片缸）。

（7）封片：水洗 2 遍制成临时片，镜检。

【实验结果】

实验结果参见图 1.6.1 和图 1.6.2（数字资源 1.6.1）。

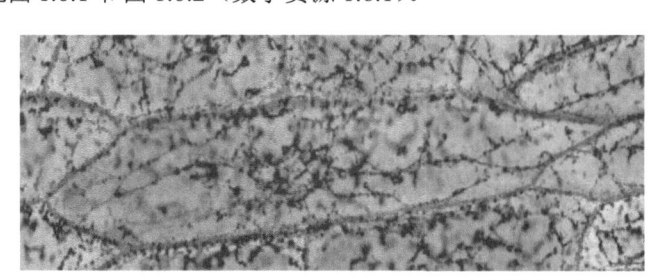

图 1.6.1　洋葱鳞茎内表皮细胞的细胞骨架

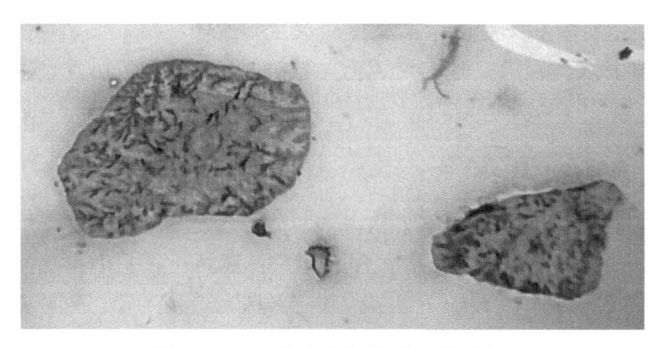

图 1.6.2　口腔上皮细胞的细胞骨架

【思考题】

1. 光镜下观察到的细胞骨架有何形态特征？
2. 请设计一个实验，鉴定观察的细胞骨架的类型。

【附录】

（1）M-缓冲液：50mmol/L 咪唑，50mmol/L KCl，0.5mmol/L $MgCl_2$，1 mmol/L EGTA，

0.1mmol/L EDTA，1mmol/L 巯基乙醇或 DTT（二硫苏糖醇）。

（2）0.2%考马斯亮蓝 R250：考马斯亮蓝 R250 0.2g，甲醇 46.5mL，冰醋酸 7mL，蒸馏水定容至 100mL。

实验 1.7　果蝇诱捕和巨大染色体的观察

【实验目的】

1. 观察果蝇唾腺多线染色体的形态特征。
2. 掌握剥离果蝇幼虫唾腺的技术。

【实验原理】

1881 年，意大利细胞学家 Balbiani 首次在双翅目昆虫摇蚊幼虫唾腺细胞的间期细胞核中发现巨大染色体。1933 年，美国学者 Painter 等又在果蝇和其他双翅目昆虫的幼虫唾腺细胞间期细胞核中发现巨大染色体。果蝇幼虫的唾腺染色体是处于联会配对状态的同源染色体，经多次复制但不分开，每条染色体由 1000~4000 根染色体丝拷贝而组成的一种特殊形态结构，因此又称多线染色体。唾腺染色体比其他细胞染色体长 100~200 倍，体积大 1000~2000 倍。唾腺染色体具有以下特征：①巨大性；②体细胞配对，染色体数目减半；③在各染色体中异染色质多的着丝粒部分互相靠拢形成染色中心；④横纹有深有浅、疏密不同，各自对应排列。果蝇唾腺染色体在细胞遗传学研究上具有重要的意义（数字资源 1.7.1）。

醋酸洋红是一种比较常用的碱性染料，常用于细胞核染色、染色体的固定和染色。作为染色剂必须具备两个条件：一是具有颜色；二是要与被染色组织间有亲和力。这两个条件都是由染料本身的分子结构决定的，产生颜色的发色基团和与组织间产生亲和力的助色基团共同决定了染色剂的染色性质。作为染料物质，除了有发色基团外，还需要有一种使化合物发生电离作用的助色基团。如染料化合物中往往由硝基（—NO_2）、偶氮基（—N=N—）、乙烯基等形成发色基团，由—OH、—SO_3H、—COOH 等酸性基团和—NH_2、—$NHCH_3$、—$N(CH_3)_2$ 等碱性基团构成助色基团。它们的存在使染料物质离子化，极性增强，促进染料与组织间发生作用，产生染色效果。一般来说，助色基团带正电荷的染色剂为碱性染色剂，反之则为酸性染色剂。

【材料、试剂和器具】

1. **材料**　果蝇三龄幼虫。
2. **试剂**　生理盐水，醋酸洋红染色液，玉米粉，红糖，琼脂，酵母，丙酸等。
3. **器具**　生化培养箱，电炉，超净台，通风橱，解剖镜，显微镜，剪刀，镊子，解剖针，培养皿，培养瓶，载玻片，盖玻片，纱布，皮筋，滤纸，废液缸等。

【实验步骤】

1. **果蝇培养基的制备**　依次向锅内加入水 600mL、玉米粉 70g、红糖 30g 和剪碎的琼脂 10g，加热并不断搅拌至煮沸；用蒸馏水定容至 1L，继续加热至沸腾；冷却至 40℃以下，加入 15g 酵母并搅拌均匀；再加入 3mL 丙酸，搅拌均匀后分装至无菌三角瓶（可紫外线灭菌）中，用封口膜封口后备用。

2. **野生型果蝇的诱捕和培养**　取将要腐烂的水果或水果皮等水果残渣置于广口瓶内，

打开瓶盖置于窗台或室外果蝇聚集处,待多只果蝇进入后,盖上瓶盖,记录捕获日期及雌雄果蝇数目,保持瓶内湿润,室温或37℃培养,观察果蝇的生活周期并记录。

3. 取唾腺 将诱捕获得的野生果蝇放在装有果蝇培养基的锥形瓶内,室温或37℃培养7~10d即可获得三龄幼虫。

室外放飞野生果蝇,从瓶壁或培养基表面挑取肥大的三龄幼虫,在盛有生理盐水的培养皿中清洗幼虫,然后把幼虫放在干净的载玻片上,滴加一滴生理盐水,在解剖镜下辨认其头部和尾部(幼虫的头部稍尖,不时地摆动,并且有一黑点即口器)。用两根解剖针同时压在黑点处,缓慢向前移动解剖针,便可将头部扯开,唾腺也被随之拉出。仔细观察即可看到一对透明且微白的长形小囊,即唾腺(图1.7.1)。唾腺的侧面常常有一些细长的脂肪体附着,用解剖针剥离去除。如果唾腺被拉断或未被拉出,可用解剖针在头部或身体处将其挤压出来。

4. 染色压片 染色前先将包括头部、身体等其他部位的杂质清理干净,再用一张吸水纸在远离唾腺的地方,将生理盐水吸干,滴加一滴醋酸洋红染色液染色4~7min。盖上盖玻片,压片镜检(注意不能让盖片滑动)。

5. 观察 先用低倍镜观察到典型的细胞,初步观察唾腺染色体的状态。用镊子或解剖针在唾腺正上方垂直向下轻敲盖玻片,将唾腺染色体压展散开,再对染色体分散均匀、条带清晰的染色体进行观察。仔细观察每条染色体的横向带纹、带宽及带纹的排列顺序等特征。

【实验结果】

实验结果参见图1.7.1(数字资源1.7.2)。

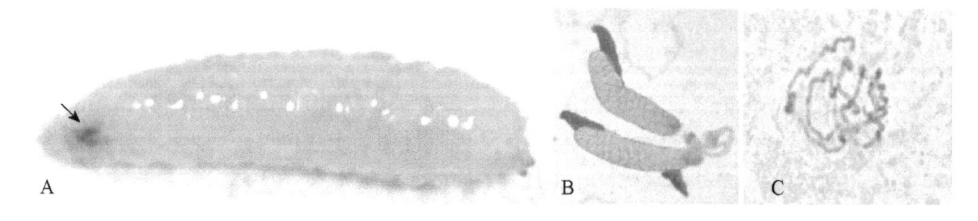

图1.7.1 果蝇三龄幼虫和唾腺

A.果蝇三龄幼虫,箭头所示为口器;B.果蝇幼虫唾腺,黑色部分为脂肪体,透明结构为腺体;C.果蝇巨大染色体

【思考题】

1. 果蝇唾腺染色体在遗传学研究方面有哪些重要意义?
2. 为了看清果蝇唾腺巨大染色体上的横纹,你应该如何操作显微镜?

【附录】

霉菌培养箱的操作与使用、电子天平的操作与使用视频参见数字资源1.7.3。

实验1.8 孚尔根染色法

【实验目的】

1. 了解染色体的分布状态。
2. 掌握细胞有丝分裂的时相。

【实验原理】

孚尔根（Feulgen）染色法是鉴别细胞中 DNA 反应的组织化学方法。细胞内的 DNA 在 1mol/L HCl 溶液中 60℃水解时，部分地破坏了脱氧核糖与嘌呤碱之间的糖苷键而使嘌呤碱脱掉，从而使脱氧核糖的第一个碳原子上潜在的醛基获得了自由状态。而无色的亚硫酸品红是由焦亚硫酸钠、盐酸和碱性品红配制成的。焦亚硫酸钠与盐酸能产生亚硫酸根，当具有醌式结构的碱性品红分子与亚硫酸根结合后，醌式结构的共轭双键被打开，碱性品红变为无色。当用这种无色的亚硫酸品红去染色经酸解的细胞时，就会与染色体 DNA 上游离的醛基结合，又出现了呈现红色的醌式结构，从而使 DNA 分子着色。这一反应是 1924 年由 Feulgen 和 Rossonbek 所发现和确定的，已广泛用作鉴别 DNA 的一种特异性检查方法。其优点是制片清洁、染色体清晰、组织软化好、易于压片，还可以对染色体 DNA 的含量进行测定，因此在细胞学研究中受到了普遍的重视。其缺点是染色体较软、容易缠绕、不易分散，因此，在针对性地加强前处理使染色体缩短的情况下，可获得较好的染色效果。水解是本实验成败的关键之一（数字资源 1.8.1）。

【材料、试剂和器具】

1. **材料** 大蒜根尖。
2. **试剂** 1mol/L HCl，Schiff 试剂等。
3. **器具** 2mL EP 管，吸管，滤纸条，载玻片，盖玻片，剪刀，水浴锅，100℃温度计，培养箱等。

【实验步骤】

（1）将大蒜剥皮后放在托盘内，加入自来水至水深 0.5cm，室温培养 5～7d。

（2）取根长 1～2cm 的大蒜，用自来水流水冲洗大蒜根部 1min。

（3）用剪刀在蒜根基部剪取 3～5 个蒜根，截取 1cm 长度的根尖，放置在 2mL EP 管内，加入 1.5mL 1mol/L HCl 浸泡根尖 1～2min。

（4）小心倒出 1mol/L HCl，加入 1.5mL 60℃预热的 1mol/L HCl，盖上 EP 管盖子，置于 60℃恒温水浴锅内水解 8min。

（5）吸出热 HCl，加入室温 1mol/L HCl 处理 1～2min，水洗 2 次。

（6）加入 Schiff 试剂，盖上盖子，在黑暗条件下染色 30min（亦可过夜）。

（7）水洗 2 次，将根尖置于载玻片上，切取 3mm 长根尖，盖上盖玻片，压片镜检。

【实验结果】

实验结果参见图 1.8.1（数字资源 1.8.2）。

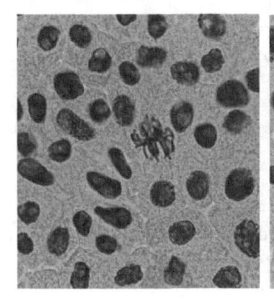

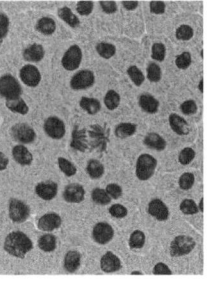

图 1.8.1 细胞的有丝分裂

【思考题】

绘制你所观察到的图像，并说明观察到的是有丝分裂的哪个时期。

实验 1.9　血涂片的制备与显微观察

【实验目的】

1. 观察血液中不同细胞的形态及结构特点。
2. 掌握血涂片的制作方法。

【实验原理】

涂片技术是制备血液样本基本的技术。人们进一步通过染色技术可对各种细胞进行形态结构观察、细胞大小测量、细胞计数等。瑞氏染液是由酸性染料伊红和碱性染料美蓝组成的混合染液。血液中嗜酸性物质易与酸性染料伊红结合并呈现粉红色，而细胞中的嗜碱性物质易与碱性染料美蓝结合并呈现蓝色，细胞中的中性颗粒呈等电状态，与两种染料均能结合并呈现淡紫色。

【材料、试剂和器具】

1. **材料**　新鲜血液。
2. **试剂**　瑞氏染液，蒸馏水等。
3. **器具**　医用一次性采血针，酒精棉球，载玻片，推片，镊子，普通光学显微镜等。

【实验步骤】

1. **血液的采集**　使用酒精棉球擦拭手指指腹。干燥后，使用一次性采血针刺入指腹，使血液（第二滴血）自然滴到载玻片上。
2. **血涂片的制备**　取一张边缘光滑的推片倾斜置于血滴的前缘，稍向后轻轻移动并触及血滴，待血液沿玻片展开成线状后，以 30°～45°平稳向前推动盖玻片，形成血液薄膜。
3. **血涂片的干燥**　手持血涂片，在空气中挥动，使其迅速风干。
4. **血涂片的染色**

（1）用 3mL 滴管滴加 2～3 滴瑞氏染液于血涂片上（覆盖整张血膜），室温放置 1～3min。

（2）加入等量的蒸馏水，与染料充分混匀，室温染色 5～10min。

（3）用蒸馏水轻轻冲洗涂片上的染液，待血液薄膜呈淡红色，用吸水纸吸干水分或自然晾干。

（4）标记姓名、班级等信息于血涂片的一端，并放入玻片盒保存或直接置于显微镜下观察。

【注意事项】

（1）穿刺深度适当，切勿用力挤压，以免混入细胞组织液，影响实验结果。

（2）血液薄膜需厚薄适宜且均匀，否则影响后续观察。

【思考题】

1. 请分析显微镜下观察的所有细胞均呈灰蓝色的原因。
2. 请简述瑞氏染液的染色原理。

实验 1.10 植物原生质体的制备及瞬时转化

【实验目的】

1. 掌握植物原生质体制备的方法。
2. 了解原生质体是进行基因功能分析的重要表达系统。

【实验原理】

植物原生质体是除去细胞壁的被质膜所包围的裸露细胞。用酶解法脱去细胞壁的原生质体在合适的离体培养条件下具有繁殖、分化和再生成为完整植株的能力。利用原生质体可开展因细胞壁存在而难以进行研究的问题，如质膜的表面特性、细胞壁的形成、细胞器的提取、体细胞的杂交，也适合作为基因工程的良好受体系统，通过基因转化获得转基因植株。植物原生质体是细胞水平上的一种良好的研究系统。人们目前已经获得了从高等植物的根、茎、叶、花、果实、种子等各种组织和器官分离得到原生质体的技术。其中，若利用无菌苗可免去表面灭菌的操作步骤并避免不适条件对材料生长造成的不良影响，而使用愈伤组织或悬浮细胞系制备原生质体则具有操作简易快捷的特点。

【材料、试剂和器具】

1. 材料 继代 3~4d 后的水稻悬浮系，带有 *GFP* 报告基因的瞬时转化膜泡载体 sec24::GFP，带有红色 *mCherry* 报告基因的瞬时转化质膜载体 pma2::mCherry（不少于 1μg/μL）。

2. 试剂 200mmol/L MES（pH 5.7），酶解缓冲液（WDB），W5 液（pH 5.7），PEG 液（pH 5.7），MMG 液（pH 5.7），孵育液（pH 5.7）等。

3. 器具 高压灭菌锅，水浴锅，摇床，离心机，倒置显微镜，细胞筛，大/小培养皿，15mL 刻度离心管，1mL EP 管，50mL 小烧杯，移液器，1mL/200μL 移液器吸头及剪头吸头，50mL 锥形瓶，平皿等。

注意：器皿均需要灭菌。

【实验步骤】

本实验需要连续两天，第一天进行原生质体制备和转化，第二天对转化后的原生质体进行显微观察。下述所有离心步骤须慢起慢停。

1. 原生质体制备和转化

（1）WDB 预热至室温，每 5mL 含酶液分别称量 1.5% 纤维素酶（cellulase-R10）0.080g 和 0.75% 离析酶（macerozyme）0.040g。

（2）用 5mL WDB 溶解酶，50~55℃ 避光水浴溶解 10min。含酶液加入 0.5% BSA 牛血清蛋白 0.005g、50mmol/L $CaCl_2$ 0.1mL。

（3）选继代 3~4d 后的水稻悬浮细胞液，分至 2 个 15mL 离心管，每管约 10mL。

1900r/min 离心 5min。

（4）移除上清液，重悬于含有 5mL 含酶液体系的小烧杯（50mL）中，加入 5mmol/L β-巯基乙醇 5.25μL，混匀。

（5）用锡纸包上，在 28℃、80r/min 的摇床中摇 0.5h，在 28℃、40r/min 下摇 0.5h。

（6）镜检，当视野中的细胞大部分已经变成单个又大又圆的原生质体时可进行下一步，否则继续酶解。

（7）细胞筛过滤，并用 5mL W5 液冲洗。4℃、1900r/min 离心 15min。

（8）快速弃上清液，加入 3mL W5 液，剪掉吸头，轻柔地吹打细胞，使其充分混匀。

（9）4℃、1900r/min 离心 15min，用吸头将上清液小心地吸走，此时尽量吸干，保留沉淀。

（10）加入 300μL MMG，用剪头的黄吸头吹均匀。

（11）取两个 1mL EP 管加入悬浮的原生质体 100μL。此时应剪掉吸头，并将移液器调成 120μL。

加入双基因载体，即 15μg 含膜泡基因的重组载体 sec24::GFP 和 15μg 含质膜重组载体 pma2::mCherry（不少于 1μg/μL）。

注：吸头插入原生质体打进基因载体后迅速取出。

（12）加入 130μL PEG，用剪头的黄吸头轻轻吹打，然后避光处理 15～20min。

注：PEG 含量=原生质体含量+基因含量。

（13）加入 500μL（2 倍体积）W5 液，1900r/min 离心 15min。

（14）弃上清液，加入孵育液 500μL，混匀后放入小培养皿中，过夜培养。

2. 转基因原生质体观察

（1）取出瞬时转化后的原生质体，小心吸取 200μL 放入显微镜用观察皿中，加盖，上镜观察明场下原生质体状态是否饱满良好。

（2）开启荧光显微镜，按下激发按钮，开启荧光用光闸，选择蓝色激发光相应激发阻挡滤片组，切断明场光路。

（3）荧光观察原生质细胞瞬时表达情况。

（4）关闭荧光显微镜，保存图像。

【实验结果】

实验结果参见图 1.10.1（数字资源 1.10.1）。

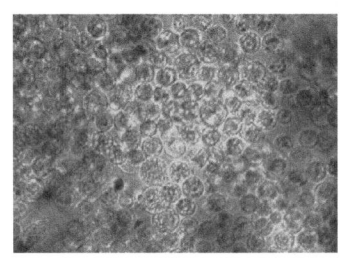

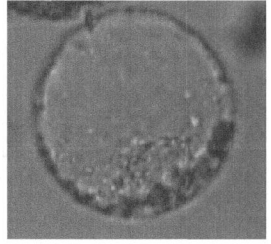

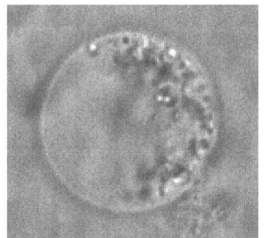

图 1.10.1　转化后的植物原生质体的显微观察

【思考题】

1. 影响原生质体成功制备的因素是什么？
2. 基因的瞬时转化与稳定转化有何区别？

【附录】

（1）本实验所需试剂的配制参见数字资源 1.10.2。
（2）离心机的操作与使用视频参见数字资源 1.10.3。

实验 1.11　植物细胞质膜的分离和纯化技术

【实验目的】

学习水双相分配分离法分离及纯化植物细胞质膜的膜泡技术。

【实验原理】

植物细胞质膜（plasma membrane，PM）是细胞与周围环境之间活的屏障，它控制着细胞内外物质转运和信息的接收与转换。植物细胞质膜上存在 ATP 酶、氧化还原系统等重要的生理生化单元，而质膜的分离和纯化技术是研究质膜分子生理功能的基础。

水双相分配分离法是一种快速、简便、高效分离植物细胞质膜的方法（图 1.11.1）。它主要依据细胞质膜表面带电性等与细胞内其他膜系统的差异，使细胞质膜富集在含有聚乙二醇4000（PEG-4000）的上相中，而其他膜系统富集在含有葡聚糖 T500（Dextran T500）的下相中。这种方法较传统的蔗糖密度梯度离心法提取质膜速度快，纯度高，而且对质膜微囊泡的机械损伤小。

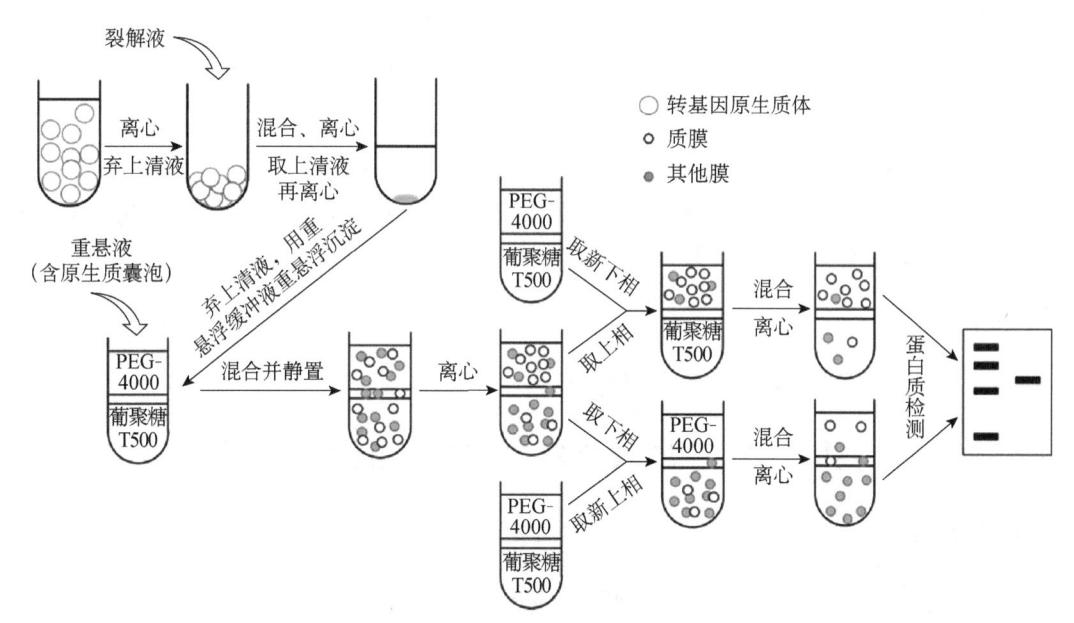

图 1.11.1　水双相分配分离法制备质膜和内膜系统囊泡示意图

【材料、试剂和器具】

1. 材料　　水稻悬浮细胞或玉米苗。

2. 试剂　　匀浆缓冲液（1000mL），重悬浮缓冲液 I（pH 7.8，50mL），5×混合储备液，水双相系统（用 KOH 调至 pH 7.8），27g 水双相系统，7.2g 水双相系统等。

3. 器具　　高速匀浆器，高速离心机，超速离心机，涡旋器，旋光仪等。

【实验步骤】

本实验中质膜的分离和纯化过程在4℃以下进行。

(1) 取悬浮细胞或100~200g玉米根，蒸馏水洗净，切成1cm小段。

(2) 加入2倍的匀浆缓冲液，-87Pa的真空度真空渗透30s。

(3) 置于预冷匀浆器中20 000r/min，匀浆2次，每次10s，在10 000r/min下离心10min。

(4) 取上清液，120 000r/min离心20min，弃上清液。

(5) 每管沉淀中加0.8mL重悬浮缓冲液Ⅰ，10min后悬起膜沉淀，收集在一管内，用重悬浮缓冲液Ⅰ定重至9g。

(6) 加入27g水双相系统中，形成36g混合系统，于冰浴中充分混匀（40~60次）。

(7) 1000r/min离心5min分相，小心吸取90%上相液。

(8) 加到等体积新下相液中，分离后的富含质膜的上相液中加入10倍体积的低渗缓冲液冲洗，120 000r/min离心20min，2次。

(9) 沉淀用目的缓冲液悬浮备用（此为纯化的质膜囊泡）。

【实验结果】

第一次超速离心得到的微粒体沉淀偏土黄色（材料为根时），经过一次水双相分离后，下相液应为浓黄色，上相液较透明；经加入新下相第二次水双相分离后，上相液不变，但肉眼观察浓度应高于分离后的下相液。

水双相分离后得到的质膜溶液，经超速离心后的沉淀肉眼观测应十分均一，悬浮后在缓冲液中分布均匀。

【思考题】

1. 水双相分配分离法较传统的蔗糖密度梯度离心法有哪些优点？
2. 为什么在配制200g水双相系统时，葡聚糖T500和PEG-4000的量是按200g×6.2%计算，而在配制27g水双相系统时要按36g×6.2%计算？

【附录】

本实验所需试剂的配制参见数字资源1.11.1。

实验1.12 质膜蛋白分选的膜泡运输观察

【实验目的】

1. 学习植物细胞原生质体双基因的转化方法。
2. 观察质膜蛋白的膜泡运输和质膜的定位。

【实验原理】

蛋白质的分选有翻译后转运和共翻译转运两种类型。质膜蛋白的分选属于后者。首先在细胞质基质开始启动质膜蛋白的合成，通过跨膜转运进入内质网膜，在糖面内质网合成后通过COPⅡ膜泡转运至高尔基体，最终通过膜泡运输的方式分选至质膜。

利用 GFP（或 mCherry）（数字资源 1.12.1）的荧光特性对某一蛋白质的 N 端或 C 端进行标记，然后借助荧光显微镜或共聚焦显微镜便可对标记的蛋白质进行细胞内活体观察。标记过程是利用常规的 DNA 重组技术将 *GFP*（或 *mCherry*）基因与目的蛋白基因的编码区连接，形成一个单一的融合基因表达载体，然后将这一重组表达载体导入细胞，使融合蛋白得到瞬时或稳定表达，通过检测这些 GFP（或 mCherry）的荧光来测定这些蛋白的位置。另外 GFP（或 mCherry）也大量用于各种细胞器的标记，包括细胞骨架、细胞分泌及膜泡转运、质膜、细胞核、中心体、过氧化物酶体、线粒体、叶绿体和高尔基体等（Dominic et al., 2005）。这一技术也可以用于测定某些细胞的分布和生长状况，尤其是一些透明的动物和植物组织内特定细胞和生长化合物分布情况（表 1.12.1）。

表 1.12.1 荧光蛋白的性质

名称	激发峰/nm	发射峰/nm	消光系数/[L/(mol·cm)]	量子产率	亮度/EGFP%	聚合形式
EGFP	488	507	56 000	0.6	100	单体
mCherry	587	610	72 000	0.2	43	单体

将 COP Ⅱ 衣被蛋白 OsSec24 和 OsPMA2（PM-ATPase）（一种质膜蛋白）编码基因的 cDNA 全长构建到植物表达载体 pBI221 上，将 *OsSec24* 基因的终止子去掉并与绿色荧光蛋白基因 *GFP* 融合，将 *OsPMA2* 基因的终止子去掉并与红色荧光蛋白基因 *mCherry* 融合。将双基因转入水稻原生质体中，带有 GFP 的质膜融合蛋白 OsSec24-GFP 就可以根据膜蛋白的共翻译转运机制，通过内膜系统的膜泡激光运输。以 OsSec24 为例，将 PMA2 定位到质膜上，并且通过在荧光显微镜或激光共聚焦显微镜中看到在 22～25h mCherry 和 GFP 荧光共定位，可以观察 OsPMA2 膜泡的分选过程（图 1.12.1，数字资源 1.12.2）。

图 1.12.1 原生质体内 OsSec24 与 OsPMA2 在激光共聚焦显微镜下共定位示意图

绿色为 pBI221-OsSec24-GFP 表达出来的 OsSec24，红色为 pBI221-OsPMA2-mCherry 表达出来的 OsPMA2

【材料、试剂和器具】

1. 材料 水稻悬浮细胞，重组的植物表达载体 pBI221-OsSec24-GFP 和 pBI221-OsPMA2-mCherry。

2. 试剂 试剂和转化子筛选培养基同实验 1.10。

3. 器具 恒温培养箱，恒温摇床，恒温水浴锅，离心机，三角瓶，培养皿，微量移液器，1mL 移液器吸头，50mL 大离心管，1.5mL 小离心管，封口膜，pH 试纸，牙签或接种环，小滤器，载玻片，盖玻片等。

【实验步骤】

（1）原生质体的转化参见实验 1.10。

（2）取出转化后的原生质体，进行荧光显微镜和激光共聚焦显微镜观察，参见实验 1.10。

【实验结果】

记录实验结果并解释图 1.12.2（数字资源 1.12.3）表现的 OsSec24 和 OsPMA2 的定位情况。

资源 1.12.3

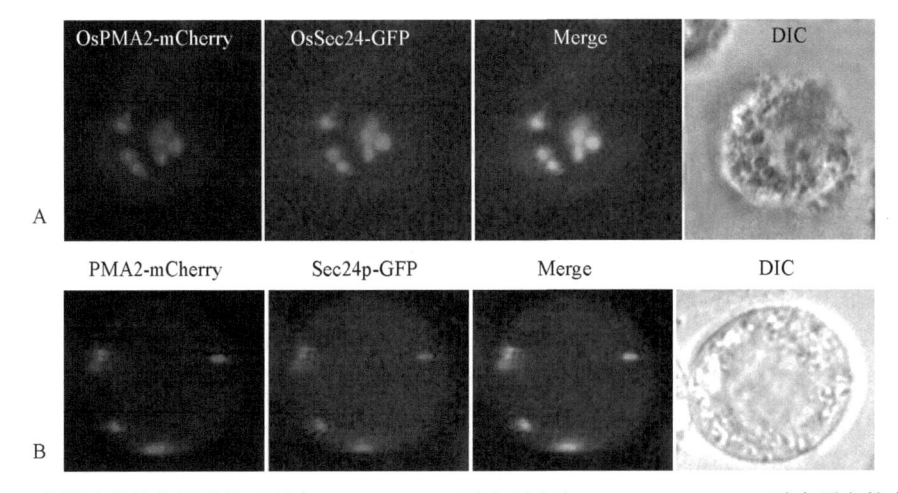

图 1.12.2 在激光共聚焦显微镜下观察 OsSec24-GFP 融合蛋白和 OsPMA2-mCherry 融合蛋白的实时定位结果（Leica SP2 63×）

A.植物表达载体 pBI221-OsSec24-GFP 瞬时转化水稻原生质体，16～20h 后在激光共聚焦显微镜下可观察到 OsSec24-GFP 融合蛋白（绿色）定位在细胞质中；B.植物表达载体 pBI221-OsSec24-GFP 和 pBI221-OsPMA2-mCherry 瞬时转化水稻原生质体，23～25h 后在激光共聚焦显微镜下可观察到 OsSec24-GFP 融合蛋白（绿色）和 OsPMA2-mCherry 融合蛋白（红色）共定位在细胞质中

根据中心法则，我们推论出：*OsSec24* 和 *OsPMA2* 在细胞核中被转录成 mRNA，之后在内质网的核糖体中分别表达成 OsSec24 和 H^+-ATPase（由 *OsPMA2* 表达而成），OsSec24 是 COP Ⅱ 的膜泡衣被蛋白，它包裹着 H^+-ATPase，进入高尔基体中，最终把 H^+-ATPase 转运到细胞质膜上。

我们在激光共聚焦显微镜下观察到 H^+-ATPase 定位在细胞质膜上，后续可以通过蛋白水平的实验验证 H^+-ATPase 是否会出现在细胞质膜层，若出现，则说明 H^+-ATPase 确实定位在细胞质膜上。

【思考题】

1. 细胞质膜蛋白是通过什么方式运往细胞质膜的？
2. 怎样根据本实验的结果揭示 PM-ATPase 蛋白水平的变化？应该开展哪些后续研究？

实验 1.13　植物细胞程序性死亡的诱导和梯状 DNA 的观察

【实验目的】

1. 了解植物细胞程序性死亡（PCD）的概念和动植物不同类型 PCD 的差别。
2. 掌握植物细胞 PCD 的诱导和观察的基本方法。
3. 观察植物细胞程序性死亡过程中形成的梯状 DNA。

【实验原理】

细胞死亡作为生物体的一种常见现象，在动物细胞中有三种方式：凋亡（apoptosis）、自噬（autophagy）和坏死（necrosis）。前两种类型属于细胞程序性死亡（programmed cell death，PCD）。细胞的 PCD 大体特征主要包括：细胞染色质凝集（condensation）并边缘化（margination），细胞质皱缩，内质网膨胀，膜成泡（membrane blebbing），以及 DNA 片段化而形成 DNA 梯状条带（DNA ladder）。

相对来说，我们对植物 PCD 了解很少。目前可依据液泡膜破裂后，是否在细胞质中发生快速降解将植物 PCD 分为两大类。第一类为自溶性（autolytic）PCD，此类与液泡中的水解酶的释放有关，在液泡破裂后，导致细胞质的快速清除。第二类为非自溶（non-autolytic）PCD，即液泡膜破裂但是没有出现快速的细胞质的清除（Eric et al.，2001；Wouter et al.，2011）。目前鉴定细胞的 PCD 类型，还是以细胞形态学的方法为主（数字资源 1.13.1）。

本实验以洋葱内表皮细胞为实验材料，观察和统计 $CaCl_2$ 诱发产生的 PCD 细胞中核染色质的凝集、边缘化、产生 PCD 小泡等形态学上的变化。

【材料、试剂和器具】

1. 材料　洋葱内表皮。

2. 试剂

（1）100mmol/L 和 500mmol/L 的 $CaCl_2$，磷酸缓冲液，β-巯基乙醇，RNase A 溶液，无水乙醇，70%乙醇，异丙醇，TE 缓冲液等。

（2）改良苯酚品红染色液，先配母液 A 和 B。

1）母液 A：称取 3g 碱性品红，溶于 100mL 的 70%乙醇中（此液可长期保存）。

2）母液 B：取母液 A 10mL，加入 90mL 的 5%石炭酸水溶液（2 周内使用）。

3）苯酚品红染色液：取母液 B 45mL，加入 6mL 冰醋酸和 6mL 37%的甲醛。

4）改良苯酚品红染色液：取苯酚品红染色液 2~10mL，加入 90~98mL 45%的乙酸和 1.8g 山梨醇。此染液初配好时，颜色较浅，放置 2 周后，染色能力显著增强，在室温下不产生沉淀而较稳定。

（3）0.8%的琼脂糖凝胶。

（4）2×CTAB 缓冲液：2%（W/V）CTAB，100mmol/L Tris-HCl（pH 8.0），20mmol/L EDTA，1.4mol/L NaCl，1% PVP。

（5）混合溶液（氯仿：异戊醇=24：1）。

3. 器具　光学显微镜，电泳仪，电泳槽等。

【实验步骤】

1. 取样   撕取洋葱内表皮。

2. 细胞程序性死亡的诱导

（1）高浓度 Ca^{2+} 的处理：0.1mol/L $CaCl_2$ 处理材料 2h 左右，或 0.5mol/L $CaCl_2$ 处理材料 10min。

（2）对照实验：撕取洋葱内表皮，置于磷酸缓冲液中 2h。

3. 形态学观察   用改良苯酚品红染色液，分别对实验组和对照组 3 种样品染色 30min，洗去表面染料，放在载玻片并压片；在显微镜下观察细胞形态并拍照。

4. 细胞 PCD 计数   对实验组和对照组细胞进行 PCD 率统计（表 1.13.1）。随机选取 5 个视野，统计总细胞数和 PCD 细胞数（以细胞核染色质出现明显的边缘化凝集为标志），计算得 PCD 率（%）=（PCD 细胞数/总细胞数）×100%。

表 1.13.1   实验结果

处理	计数	PCD 率
正对照		
0.1mol/L $CaCl_2$（2h）		
0.5mol/L $CaCl_2$（10min）		

5. CTAB 法提取植物基因组 DNA

（1）使用前按每毫升 2×CTAB 加入 40μL β-巯基乙醇配制提取液，65℃预热。

（2）取组织材料 1~2g，液氮研磨至粉末状，转移粉末至 2mL 离心管中，加入预热的 CTAB 溶液至总体积达到 1mL，混匀后置 65℃水浴中保温 45~60min，并不时轻轻转动试管。

（3）加等体积的氯仿-异戊醇，轻轻地颠倒混匀，室温下 10 000r/min 离心 10min，移上清液至另一新管中。

（4）向管中加入 1/100 体积的 RNase A 溶液，37℃保温 20~30min。

（5）加入 2 倍体积的无水乙醇或 0.7 倍体积异丙醇，会出现絮状沉淀，-20℃放置 30min 或-80℃放置 10min，12 000r/min 离心 10~15min 回收 DNA 沉淀。

（6）用 70%乙醇清洗沉淀两次，吹干后溶于适量的 TE 缓冲液中。

（7）0.8%琼脂糖凝胶电泳检测基因组 DNA 的完整性。

【实验结果】

1. 形态学变化   在光镜下可以观察到高钙诱导的细胞凋亡现象，即细胞核内染色体出现明显的聚集、玫瑰样细胞核质和凋亡小体（李昊文等，2006），见图 1.13.1（数字资源 1.13.2）。

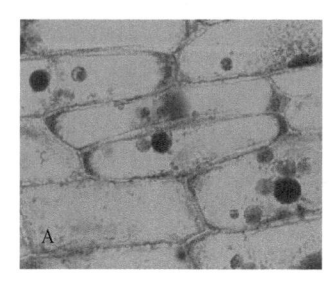

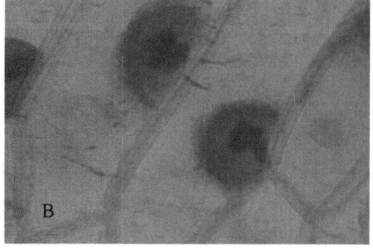

图 1.13.1   高钙诱导的细胞 PCD 现象

A. 胞质小泡增多；B. 出现玫瑰样细胞核质

2. 细胞 PCD 计数　　细胞 PCD 计数见表 1.13.2。

表 1.13.2　细胞 PCD 计数

类型	总细胞数/个	PCD细胞数/个	PCD细胞数/总细胞数	平均数/个	标准差	PCD 率
对照	128	20	0.1563			
	135	23	0.1704	0.1728	0.0179	17.28%±1.79%
	146	28	0.1918			
100mmol/L CaCl$_2$	116	31	0.2672			
	118	33	0.2797	0.2550	0.0325	25.5%±3.25%
	110	24	0.2182			
500mmol/L CaCl$_2$	160	72	0.45			
	171	66	0.386	0.4137	0.0392	41.37%±3.92%
	121	49	0.405			

注：PCD 率（%）=（PCD 细胞数/总细胞数）×100%

3. 琼脂糖凝胶电泳结果　　经细胞程序性死亡诱导的细胞，分别提取总 DNA。然后经 1%的琼脂糖凝胶电泳，在紫外投射仪上观察。经不同浓度高盐处理细胞的 DNA 出现了不同断裂程度的 DNA 梯状条带（图 1.13.2）。

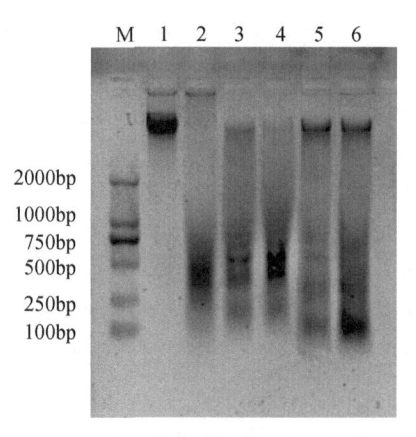

图 1.13.2　不同处理的细胞 DNA 电泳图谱

M. DNA 标准分子量；1.未经处理的细胞（正对照）；2.煮沸 5min 处理的细胞（负对照）；3. 0.1mol/L NaCl 处理 10h；4. 0.1mol/L CaCl$_2$ 处理 10h；5. 0.5mol/L NaCl 处理 10h；6. 0.5mol/L CaCl$_2$ 处理 10h

【思考题】

1. 请思考动、植物细胞 PCD 在形态上的区别。
2. 试问钙离子处理的实验结果（图 1.13.2）说明了什么？如何进行下一步的研究工作？

【附录】

2×CTAB 提取液溶液：100mmol/L Tris-HCl（pH 8.0），20mmol/L EDTA（pH 8.0），1.4mol/L NaCl，1% PVP。灭菌备用（没灭菌前呈黏稠状，CTAB 灭菌后变成清亮的溶液）。

第二章　高级细胞生物学实验

实验 2.1　氯化汞对水通道蛋白的抑制效应观察

【实验目的】

1. 观察红细胞质膜对不同试剂的通透性速率。
2. 了解汞对红细胞质膜水通道蛋白的作用效率和机制。

【实验原理】

　　细胞质膜是细胞与外界环境进行物质交换的基本结构，使细胞保持相对独立性，形成相对稳定的细胞内环境，同时又是细胞与周围环境进行物质运输、能量转换和信息传递的门户，在细胞生命活动中具有重要作用。细胞质膜上还含有大量离子通道蛋白、载体蛋白等蛋白质。这些蛋白质可以有效运输难以通过的物质，如离子、糖、氨基酸、核苷酸等。

　　水孔蛋白（aquaporin），又称水通道蛋白，是一种特异性运输水分的跨膜的四聚体蛋白。水分通过该通道蛋白可以快速、大量地进出细胞，其运输效率远远高于水分的自由扩散。氯化汞是一种常用的水通道蛋白抑制剂，加入后则有效抑制水通道蛋白的工作，导致水分不能高效快速跨膜运输。

　　如果将红细胞放置在各种溶液中，其红细胞质膜对各种溶质的渗透性是不同的。有的溶质不能渗入，有的溶质可渗入；即使能渗入，速度也有差异。人们可通过观察红细胞溶血现象时间的不同来记录渗入速度。渗入红细胞的溶质能提高红细胞渗透压，使水进入红细胞，引起溶血及细胞膜破裂。血红蛋白从红细胞中逸出，此时光线较容易通过溶液，使溶液呈现透明这种现象称为溶血现象。由于溶质透入速度不同，溶血时间也不同。因此，可通过溶血现象来测量各种物质通透性的差别。

【材料、试剂和器具】

1. 材料　　商品化的绵羊血红细胞，或鸡血。

2. 试剂　　0.005mol/L NaCl，0.065mol/L NaCl，0.15mol/L NaCl，0.8mol/L 甲醇，0.8mol/L 乙醇，0.8mol/L 丙醇，0.8mol/L 丙二醇，0.8mol/L 丙三醇，2% Triton X-100，氯仿，0.1% $HgCl_2$ 等。

3. 器具　　50mL 烧杯，1.5mL EP 管，5mL 量筒，滴管或移液器，载玻片，盖玻片，光学显微镜等。

【实验步骤】

　　以下操作均以羊血为实验材料。

1. 制备血红细胞悬液　　取 50mL 烧杯，将羊血用等渗液进行适当稀释。

2. 溶血现象观察　　取试管一支，加入 500μL 蒸馏水，加入 1 滴或 50μL 的羊血，轻混一下，然后静置，注意观察溶液的颜色变化。由于红细胞发生破裂，溶液颜色由浑浊的红色逐渐清亮。这就是溶血现象。

3. 羊红细胞的渗透性计时比较

（1）对三种不同浓度的 NaCl（0.005mol/L NaCl，0.065mol/L NaCl，0.15mol/L NaCl）进行溶血计时比较，注意从滴进血红细胞开始计时，操作方法同 2。注意观察颜色变化，记录是否有溶血现象。

（2）对三种相同浓度、极性不同的有机试剂（0.8mol/L 甲醇、0.8mol/L 乙醇、0.8mol/L 丙醇）进行溶血计时比较，操作方法同上。

（3）对三种相同浓度、极性不同的有机试剂（0.8mol/L 丙醇、0.8mol/L 丙二醇、0.8mol/L 丙三醇）进行溶血计时比较，操作方法同上。

（4）比较血红细胞在 2% Triton X-100 与氯仿中的变化现象，操作方法同上。

4. 氯化汞对水通道蛋白的抑制效应观察 取 4 支 1.5mL EP 离心管，向其中 2 管分别加入 50μL 和 100μL 的 0.1% $HgCl_2$，再补加 H_2O 至体积为 500μL，另外 2 管分别加入生理盐水和蒸馏水 500μL 做对照。然后分别加入一滴或 50μL 羊血，观察 EP 管中的变化。

将观察到的现象记录，并分析和比较不同等渗溶液下的溶血现象（表 2.1.1）。

表 2.1.1　不同等渗溶液的溶血现象

溶液分组	是否溶血	时间	结果分析
0.005mol/L NaCl			
0.065mol/L NaCl			
0.15mol/L NaCl			
0.8mol/L 甲醇			
0.8mol/L 乙醇			
0.8mol/L 丙醇			
0.8mol/L 丙二醇			
0.8mol/L 丙三醇			
2% Triton X-100			
氯仿			

【注意事项】

每批购买的血浓度不同，所以使用的 $HgCl_2$ 浓度一定要通过预实验来确定。

【实验结果】

（1）两种不同类型的红细胞参见图 2.1.1。

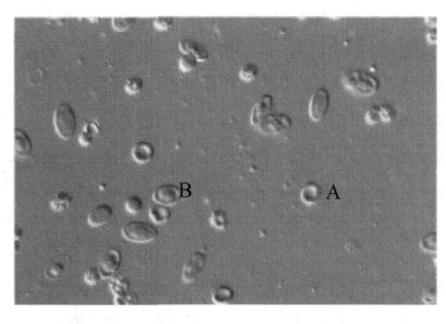

图 2.1.1　微分干涉显微镜下的人血红细胞和鸡血红细胞
A.人血红细胞；B.鸡血红细胞

（2）置于 0.15mol/L NaCl 等渗溶液和纯水中的红细胞的溶血现象参见图 2.1.2（数字资源 2.1.1）。

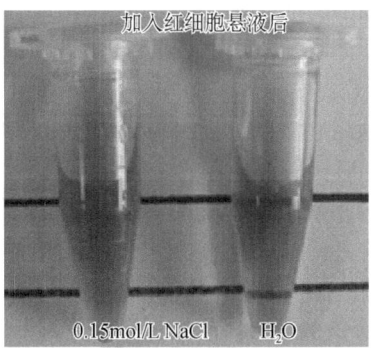

图 2.1.2　加入红细胞悬液前后的比较

（3）不同浓度 $HgCl_2$ 处理红细胞后的溶血表现参见图 2.1.3（数字资源 2.1.2）。

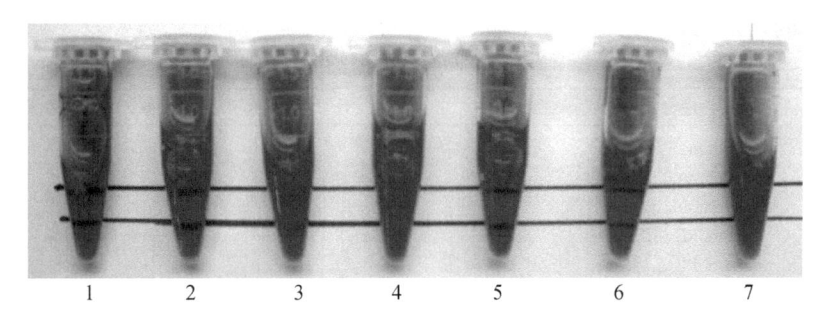

图 2.1.3　不同浓度 $HgCl_2$ 处理红细胞

1. 20μL $HgCl_2$；2. 30μL $HgCl_2$；3. 40μL $HgCl_2$；4.生理盐水；5.蒸馏水；6. NaN_3；7. 50μL $HgCl_2$

【思考题】

1. 动物细胞和植物细胞维持细胞渗透平衡的机制相同吗？请查资料分别解释。
2. 分析不同类型的醇透过红细胞的速率不同的原因。
3. 为什么溶液中微量的去垢剂可能对红细胞活性产生严重的影响？
4. 采用 $HgCl_2$ 处理红细胞膜出现了什么现象？请解释并分析分子机理。

实验 2.2　核酸（DNA 和 RNA）的细胞核定位观察

【实验目的】

1. 掌握经典的核酸定位细胞学方法——Unna 染色法。
2. 了解并掌握细胞核中含有 RNA 成分的亚细胞结构及其功能。

【实验原理】

1899 年，Pappenheim 首创了甲基绿-派洛宁（methyl green-pyronin）染色法。1910 年，Unna 对这一方法进行了改良，发现只有在中性或酸性（pH 5～6）时细胞才能着色，细胞核中的大部分区域被染成蓝绿色，而胞质和核仁中的嗜碱性物质被染成暗红色，所以该方法被称为

Unna法。1940年，Brachet研究证明用甲基绿-派洛宁（数字资源2.2.1）对DNA和RNA的染色效果有选择性。碱性的甲基绿-派洛宁混合染料处理细胞后，由于DNA、RNA对染料具有的亲和力不同，而使这两种染料对两类核酸具有了选择性。DNA被甲基绿染成绿色，RNA被派洛宁染成红色，这样就能使细胞中两种核酸分布显示出来，所以该方法也被称为Brachet反应。

【材料、试剂和器具】

1. 材料　　洋葱。

2. 试剂

（1）Carnoy固定液：无水乙醇：冰醋酸 = 3：1。

（2）95%乙醇，丙酮等。

（3）70%乙醇：95%乙醇70mL，加水25mL。

（4）5%三氯乙酸（TCA）：固体TCA 5g，加水溶解到100mL。

（5）Unna染色液（甲基绿-派洛宁G）。

1）溶液A：5%派洛宁G水溶液17.5mL，2%甲基绿水溶液10mL，蒸馏水250mL。

2）溶液B：0.2mol/L的pH 4.8的乙酸盐缓冲液。先将1.2mL乙酸液用水稀释到100mL，再将2.7g的乙酸钠用水稀释到100mL，然后将乙酸和乙酸钠两液按77mL：100mL的比例混合。

在应用前，把A液和B液按等量混合，混合液可以保存一周时间，时间延长效果不佳。

3. 器具　　光学显微镜，载玻片，镊子，盖玻片，剪刀，镊子，表面皿，小指管，恒温水浴箱（2个），试管架，刀片等。

【实验步骤】

DNA和RNA的Unna显示法操作步骤如下所示。

（1）用镊子撕取洋葱鳞茎内表皮于表面皿中。

（2）用Carnoy固定液固定15min。

（3）95%乙醇复水5min。

（4）70%乙醇复水5min。

（5）ddH$_2$O漂洗5min。

（6）分为实验组和对照组，对照组用5% TCA处理，90℃保温10min，H$_2$O漂洗5min。

（7）两组均用Unna染色液染色30min（室温）。

（8）ddH$_2$O漂洗几秒。

（9）丙酮分色3~20s。

（10）H$_2$O漂洗片刻。

（11）分别压片并镜检观察。

【实验结果】

实验结果参见图2.2.1（数字资源2.2.2）。

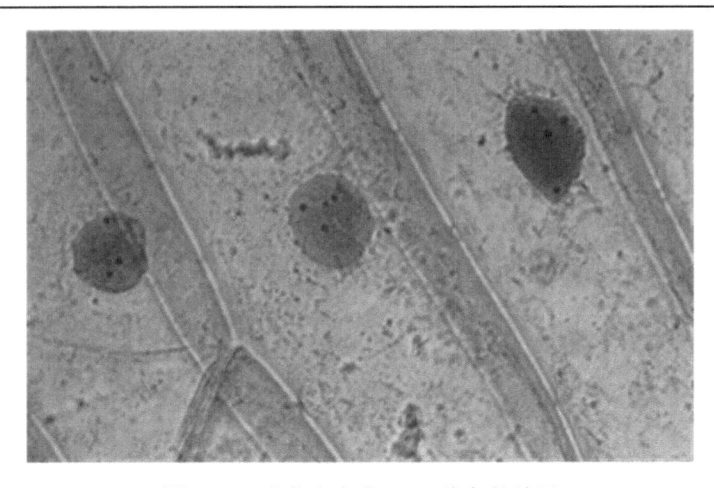

图 2.2.1 洋葱内表皮 Unna 染色的结果
DNA 被甲基绿染成蓝绿色，RNA 被派洛宁染成紫红色

【思考题】

1. 简述 DNA 和 RNA 在细胞核中的定位和意义。
2. 解释 TCA 和丙酮各起什么作用。

实验 2.3　微丝骨架的特异性标记

【实验目的】

1. 了解一种特异性标记微丝骨架的方法。
2. 了解鬼笔环肽特异性药物的作用机理。

【实验原理】

微丝骨架（microfilaments）又称肌动蛋白纤维（F-actin），作为细胞骨架系统的主要成分之一，在动、植物生命活动中具有重要功能，如参与植物胞质环流、向重性生长、气孔运动、动物肌肉收缩、细胞变形运动、胞质分裂等。同微管骨架一样，在微丝骨架的功能研究中，一些特异性药物发挥重要作用。鬼笔环肽（phalloidin）是一种从毒蕈（*Amanita phallodies*）中提取的双环杆肽。它与微丝纤维有很强的结合能力，而不与游离的肌动蛋白单体（G-actin）结合，因此具有稳定微丝和抑制微丝解聚的作用。鬼笔环肽的分子量（1252Da）较小，容易进入细胞。因此，用荧光标记的鬼笔环肽（如 FITC-phalloidin 或 TRITC-phalloidin）对细胞进行染色，在荧光显微镜下可清晰地显示细胞中微丝的分布状态，达到亚细胞定位的目的。

【材料、试剂和器具】

1. 材料　洋葱。
2. 试剂　PME 缓冲液（pH 6.5～6.8），磷酸缓冲液（PBS 缓冲液，pH 6.5），新鲜 4%多聚甲醛溶液，2% Triton X-100，TRITC 标记的鬼笔环肽（TRITC-phalloidin，红色），封片液等。
3. 器具　可发射激发波长 580nm 的荧光显微镜或激光扫描共聚焦显微镜等。

【实验步骤】

（1）取材：切取洋葱第 3～4 层内表皮，大小为 0.5～1cm 见方，10 片左右直接置于一个事先放好固定液的干净指形管中。

（2）固定：4%多聚甲醛固定 30min。固定过程中每间隔 5min 左右振荡 1 次。

（3）漂洗：PME 缓冲液漂洗 3 次，每 5min 1 次。

（4）2% Triton X-100 抽提 30min，PBS 缓冲液漂洗 3 次。

（5）TRITC 标记的鬼笔环肽（1∶100 稀释母液，最终浓度 1μmol/L）室温孵育 1～2h。

（6）PBS 缓冲液漂洗，封片液封片后，置于普通荧光显微镜或激光扫描共聚焦显微镜下观察实验结果。

【实验结果】

实验结果参见图 2.3.1（数字资源 2.3.1）。

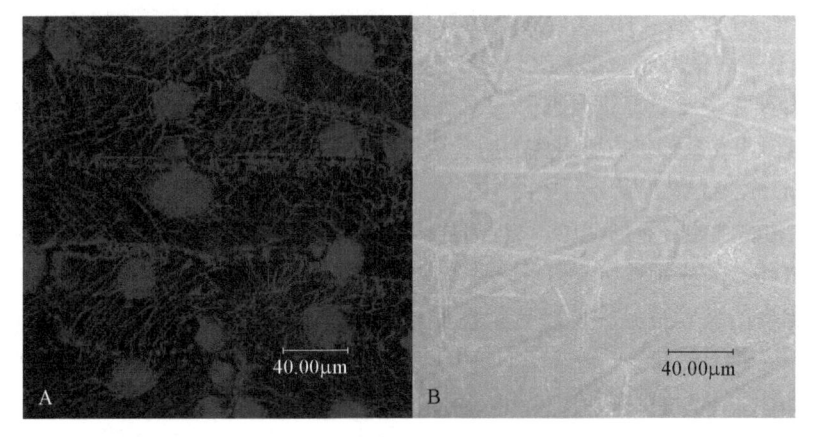

图 2.3.1　洋葱内表皮细胞微丝骨架的激光扫描共聚焦显微镜照片
A.荧光照片；B.A 图对应的明场显微镜照片

【思考题】

除了鬼笔环肽外，还有哪些方法可以特异性标记细胞中微丝的分布？试举一两例。

【附录】

（1）PME 缓冲液（pH 6.5～6.8）：50mmol/L PIPES，0.5mmol/L $MgCl_2$，1mmol/L EGTA。

（2）磷酸缓冲液（PBS 缓冲液，pH 6.5）：0.137mol/L NaCl，2.7mmol/L KCl，2.7mmol/L KH_2PO_4，8.1mmol/L Na_2HPO_4。

（3）新鲜 4%多聚甲醛溶液：称取 0.2g 的多聚甲醛粉末（Sigma 公司），加入 5mL PME 缓冲液，60℃恒温箱加热，并不时搅拌，直到完全溶解。本实验所用的多聚甲醛都必须临时新鲜配制。

（4）2% Triton X-100：0.4mL Triton X-100，1mmol/L DTT，用 PBS 定容至 20mL。

（5）TRITC 标记的鬼笔环肽：0.1mg TRITC-phalloidin（Sigma 公司），加入 798.8μL 甲醇，配制成 100μmol/L 储液。

（6）封片液：甘油与 PBS 缓冲液按体积 1∶1 混合。

实验2.4 微管骨架的荧光显微标记实验

【实验目的】

1. 了解荧光产生的原理，认识荧光显微镜部件，掌握荧光观察技术。
2. 了解免疫荧光标记的原理。
3. 学习利用荧光标记技术检测微管骨架在细胞中的分布。

【实验原理】

1. 荧光产生的原理 某些物质经较短光波照射后，分子被激活，吸收能量后呈激发态，激发态的能量不稳定，趋于回到低能量状态，其能量除部分转换为热量外，相当一部分则以波长较长的光能辐射出来，这种波长长于激发光的可见光称为荧光。在生命科学研究中，人们利用荧光产生的原理，将能发出荧光的有机化合物（即荧光染料）与特定的细胞组分相结合，通过激发后产生的荧光对细胞组分进行定性和定位。

2. 微管骨架免疫荧光标记原理 微管是真核细胞中普遍存在的蛋白纤维状细胞器。它是由α微管蛋白和β微管蛋白所组成的微管蛋白异二聚体与少量微管相关蛋白质（microtubule-associated protein，MAP）聚合而成的中空管状结构。在不同类型的细胞中，微管具有相似的基本形态。在植物细胞分裂周期中，微管的排列和动态变化与染色体的运动密切相关。

3. 实验方法 先用鼠抗微管蛋白的单克隆抗体与经过固定、酶解后的细胞一起温育，该抗体与细胞内的微管特异性地结合；然后用异硫氰酸荧光素（fluorescein isothiocyanate，FITC）标记的羊抗鼠（IgG）血清（二抗）与一抗温育而结合，从而使微管间接地标上荧光素。通过荧光显微镜进行观察和图像的收集。

【材料、试剂和器具】

1. 材料 幼嫩小麦（或烟草、拟南芥等）叶片。

2. 试剂 多聚甲醛，多聚赖氨酸，纤维素酶，果胶酶，DMSO，微管蛋白一抗，二抗（与荧光团偶联），透明指甲油，抗荧光淬灭剂等，NP40（或Triton X-100），3% BSA，PIPES，EGTA，$MgCl_2$，NaCl，KCl，$Na_2HPO_4 \cdot 12H_2O$，KH_2PO_4，KOH，果胶酶（Y-23），纤维素酶（R-10），甘油等。

3. 器具 280目尼龙网，刀片，37℃培养箱，摇床，离心机，移液器，载玻片，盖玻片，荧光显微镜等。

【实验步骤】

（1）酶解制备小麦叶肉细胞原生质体：取刚展开的小麦幼苗叶片，自叶尖切除0.5cm后，将叶片切成5mm小段，在2mL酶解液中酶解（1.5～2h），温度25～26℃。280目尼龙网过滤后，获得原生质体，静置20min，使原生质体沉在管底（或150r/min离心2min）。用PEM缓冲液悬浮原生质体。

（2）滴20μL多聚赖氨酸溶液在载玻片上并铺展开，待干后在载玻片上滴100μL原生质体溶液［或者步骤（1）中直接吸取管底部原生质体，滴在一洁净的载玻片上，靠静电使原生质体吸附在载玻片上]，静置 20min，等原生质体下沉附在载玻片表面，用滤纸条轻轻吸去漂浮的原生质体。

注意：操作过程中载玻片应水平放置，保持原生质体上有一层液体，以免原生质体干燥失活，微管降解。

（3）滴加 150μL 6%多聚甲醛溶液，固定 30min。再用 150μL PBS 溶液浸洗，更换 PBS 3 次（每次 5min）。

（4）滴加 0.5% NP40 一滴（约 100μL），使内容物流失，处理 20min。用 150μL PBS 溶液浸洗，更换 PBS 3 次。

（5）用 100μL 3% BSA 封闭 10min，吸除剩余液体。

（6）载玻片上滴 150μL 鼠抗微管蛋白抗血清（第一抗体），避光孵育 45～60min。抗体要预先测定效价，即将抗体做系列稀释，测出能够清晰显示微管的最高稀释度，即该抗体的效价。实验时抗体应按此效价用 PBS 稀释后使用。

（7）吸除一抗，样品用 PBS 浸洗 3 次，滤纸吸干。

（8）在载玻片上，用 150μL FITC-羊抗鼠抗血清（第二抗体）与样品孵育 45～60min。二抗使用 PBS 稀释，范围为 1∶5～1∶50。样品用 PBS 浸洗 4 次，滤纸吸干。

（9）用 50%甘油封片，盖玻片四周用指甲油封住。制好的样品可暂时存放 4℃冰箱。

（10）用荧光显微镜观察。蓝光激发，微管呈黄绿色荧光。

【实验结果】

使用荧光显微镜检测免疫标记的质量。

【思考题】

讨论影响荧光成像的因素。

【附录】

（1）PEM 溶液：50mmol/L PIPES，2mmol/L EGTA，2mmol/L $MgCl_2$，用 1mol/L KOH 调 pH 至 6.9。

（2）1×PBS：NaCl 8g，KCl 0.2g，$Na_2HPO_4 \cdot 12H_2O$ 3.58g，KH_2PO_4 0.27g，定容至 1L。

（3）6%多聚甲醛固定液：多聚甲醛 6g，Triton X-100 200μL，DMSO 1000μL，用 PEM 配制，加热溶解（不要超过 60℃），调 pH 至 6.9（pH 很关键），定容至 100mL。

（4）酶解液：0.1%果胶酶（Y-23），1%纤维素酶（R-10），用 PEM 配制。

（5）一抗为 1∶400 鼠抗微管蛋白抗体（Sigma-Aldrich 公司）：2.5μL 抗体+1mL PBS。

（6）二抗为 1∶100 FITC 标记的羊抗鼠抗体（Sigma-Aldrich 公司，绿色）：20μL 抗体+2mL PBS。

（7）3% BSA：称取 300mg 牛血清白蛋白，溶于 100mL 蒸馏水中，即 3%的牛血清白蛋白溶液。

（8）荧光显微镜的操作与使用视频参见数字资源 2.4.1。

实验2.5 线粒体的特异性荧光标记观察

【实验目的】

1. 了解线粒体荧光标记观察的方法。
2. 理解活细胞中线粒体的形态、分布及其动态变化等特点。

【实验原理】

目前常用的线粒体（数字资源2.5.1）荧光标记有Rho123、DiOC（3）、CMXRos、JC-1及MitoTracker等。Rho123、DiOC（3）及JC-1是浓度依赖性地标记线粒体的荧光染料，由于其染色依赖于线粒体膜两侧的膜电位，因此在很多实验中用于检测细胞内线粒体的膜电位。但也正由于这一特点，这些染料不能用于固定后的细胞，从而限制了其在研究中的应用。

MitoTracker Green为采用carbocyanine（Molecular Probes公司）进行荧光标记的一种MitoTracker，分子量为671.88Da。由于其可以特异性地标记线粒体膜上的脂类，因此具有比其他线粒体染料更强的特异性。另外，MitoTracker Green对于线粒体的染色不依赖于线粒体膜电位。因此，MitoTracker Green可以用于对活细胞的染色，虽然染色后固定将导致荧光信号有所消退。

MitoTracker Green呈绿色荧光，检测时的最大激发波长为490nm，最大发射波长为516nm。一般常用的工作浓度为20~200nmol/L。

【材料、试剂和器具】

1. 材料　水稻或者烟草悬浮细胞，培养方法同本书其他实验。

2. 试剂　MitoTracker Green（购自Invitrogen公司，用DMSO配成1mmol/L母液，置−20℃避光保存，临用前按照所需浓度加入）。

3. 器具　恒温摇床，三角瓶，培养皿，微量移液器，1mL移液器吸头，共聚焦专用培养皿，荧光显微镜或激光扫描共聚焦显微镜等。

【实验步骤】

（1）用移液器取正常培养的悬浮细胞199μL，再用移液器吸取MitoTracker Green 1μL，常温孵育2min，放置于荧光显微镜或者激光扫描共聚焦显微镜下，蓝光或者488nm激光激发，收集绿色荧光，观察线粒体的形态、分布及其运动规律，并拍照。

（2）用移液器取4℃低温培养30min的悬浮细胞199μL，再用移液器吸取MitoTracker Green 1μL，常温孵育2min，放置于荧光显微镜或者激光扫描共聚焦显微镜下，蓝光或者488nm激光激发，收集绿色荧光，比较观察其线粒体的形态、分布及其运动与正常细胞中的差异，并拍照。

【实验结果】

实验结果参见图2.5.1（数字资源2.5.2）。

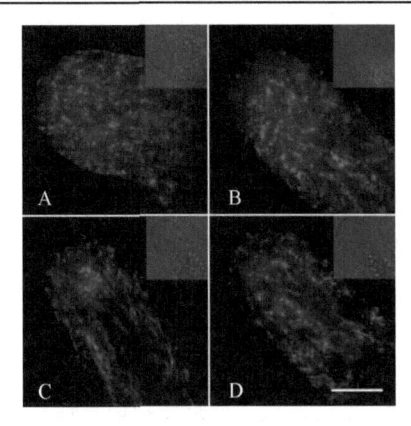

图 2.5.1 青扦花粉管生长过程中线粒体的变化

花粉管分别培养 16h（A）、20h（B）、24h（C）和 28h（D）后，用 MitoTracker Green 标记并用 Zeiss 5 Live 激光扫描共聚焦显微镜观察。插入部分为相应的 DIC 图片。标尺=10μm

【思考题】

1. 描述观察到的线粒体的形态与分布。
2. 利用 MitoTracker 的特点设计一个实验，验证重金属对细胞内线粒体的影响。

实验 2.6 GFP-tubulin 转基因拟南芥的无菌培养及观察

【实验目的】

1. 掌握模式材料拟南芥的无菌培养。
2. 了解激光共聚焦显微镜的工作原理。
3. 初步观察植物微管骨架在根、茎、叶中的排布特点。

【实验原理】

GFP 是一个由 238 个氨基酸组成的单链多肽，在蓝光或紫外光激发下发出绿色荧光。该蛋白经常被用作标签，定位目的蛋白在活细胞中的位置分布及观察其动态变化。本实验中使用的 GFP-tubulin 转基因拟南芥是将 *GFP* 报告基因与目的基因 *tubulin* 连接，无菌培养获得幼苗后，通过普通荧光显微镜及激光扫描共聚焦显微镜观察转基因拟南芥不同组织部位的绿色荧光分布，进而定位微管骨架在以上组织中的细胞排布特点。

【材料、试剂和器具】

1. 材料 野生型及 GFP-tubulin 转基因拟南芥种子。

2. 试剂 MS 培养基，含 50μg/mL 卡那霉素的 MS 培养基，75%乙醇，10% NaClO，无菌水，磷酸缓冲液等。

3. 器具 无菌牙签，移液器，超净工作台，体视荧光显微镜，激光扫描共聚焦显微镜等。

【实验步骤】

（1）两种种子加蒸馏水，放入 4℃冰箱中过夜春化。

（2）超净工作台中将种子在 75%乙醇中润洗一遍，再用 75%乙醇消毒 1min（混匀，尽量将液体吸净，动作要快）。

（3）10% NaClO 润洗一遍，再用 10% NaClO 消毒 10min（混匀，尽量将液体吸净，动作要快）。

（4）无菌水洗 5 次，用牙签将种子点在培养基表面（每皿 4～5 颗种子，尽量均匀）。其中，野生型种子点在普通 MS 培养基中，转基因种子播在含有卡那霉素的培养基中。

（5）封膜，做好标记，平放于光照培养间培养架上培养。

（6）1～2 周后长成拟南芥幼苗，选取长势良好的进行显微镜观察。

（7）在体视荧光显微镜下先观察整体植株的根、茎、叶片，注意野生型与转基因材料荧光表现有何不同。

（8）先在载玻片上滴加数滴磷酸缓冲液，然后将拟南芥幼苗小心平铺于溶液中，轻压后置于激光扫描共聚焦显微镜下精细观察根、茎、叶片单个细胞中 GFP 标记的微管骨架的分布情况。

【注意事项】

（1）严格无菌操作。
（2）消毒过程动作要快。
（3）移液器吸头不要重复使用，物品不要拿出超净台。
（4）点种时每个位置尽量只点一粒种子。
（5）操作时尽量避免说话和人员走动。
（6）注意小组内的配合和小组间的协调。

【实验结果】

实验结果参见图 2.6.1 和图 2.6.2（数字资源 2.6.1）。

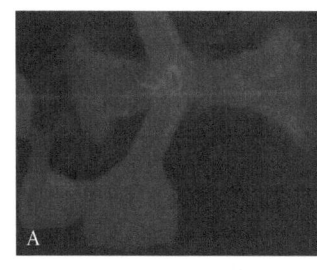

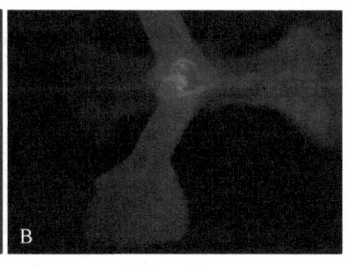

图 2.6.1　体视荧光显微镜下的野生型（A）、GFP-tubulin 转基因植株（B）茎尖及叶片的荧光表现

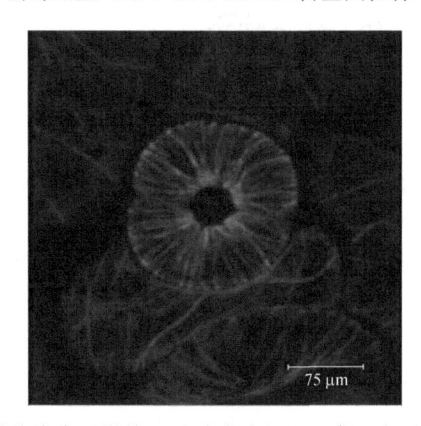

图 2.6.2　激光扫描共聚焦显微镜下叶片表皮细胞及保卫细胞内的微管骨架分布

【思考题】

1. 野生型、转基因植株在荧光显微镜下观察的现象有何不同（叶片、根）？为什么？
2. 卡那霉素培养基的作用是什么？野生型和转基因拟南芥在上面生长的表现有何不同？

实验 2.7　流式细胞仪观察细胞周期

【实验目的】

1. 了解流式细胞仪研究细胞周期的方法。
2. 了解使用流式细胞仪分选目的细胞的方法。

【实验原理】

流式细胞术（flow cytometry）是一种对悬在液体中的微粒进行计数、检测和分选的技术，主要是利用光学和电子装置对单个细胞、单个颗粒的物理学和化学的特征同时进行多参数的分析。利用此技术进行细胞分析的仪器称为流式细胞仪（数字资源 2.7.1）。

流式细胞仪的基本工作原理是将各种细胞（或其他颗粒）混在一起的样品运送到流动检测池，然后被周围的鞘液所包绕，混合的样品被分成单个细胞，单个细胞通过光束时，颗粒的各种参数被检测器捕获。每一个直径在 0.2~150μm 悬浮的细胞通过光束时都会以某种特定的方式对光进行散射，由散射光的角度和强弱得出的前向光散射参数和侧向光散射参数可以评估细胞的直径和复杂度。细胞本身的或附加到细胞上的荧光物质被激光激发后的光信号被检测器捕获可以得到细胞的特异性信息。散射信息和荧光信息的结合可以阐明单个细胞的物理和化学的特征。

含待分选目的微粒的液滴经过计算机的精确计算后加上不同数量的正副电荷，然后在电偏转板的作用下进入不同的收集管，废液则直接进入废液槽（图 2.7.1）。目前的仪器可以进行四路分选，即可以同时分选、富集不同的四种微粒。本实验通过分选 G_2/M 期的植物细胞学习流式细胞仪的分选。

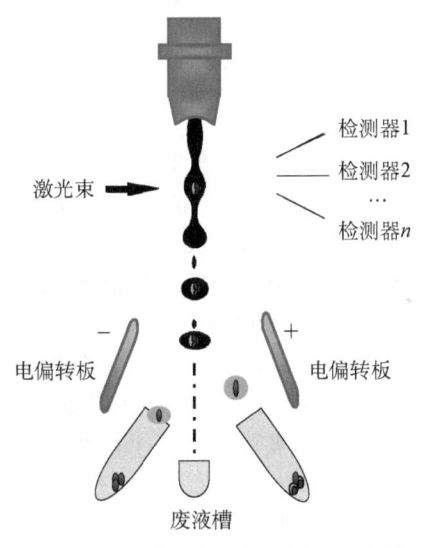

图 2.7.1　流式细胞仪分选原理示意图

【材料、试剂和器具】

1. 材料　哥伦比亚野生型拟南芥（*Arabidopsis thaliana* Columbia-0）种子，转基因拟南芥植株 *Wer::GFP* 种子。

2. 试剂　酶解缓冲液（1.5%纤维素酶，0.1%果胶酶，600mmol/L 甘露醇，2mmol/L $MgCl_2$，0.1% BSA，2mmol/L $CaCl_2$，2mmol/L MES，10mmol/L KCl，pH 5.5），等渗缓冲液（600mmol/L 甘露醇，2mmol/L $MgCl_2$，0.1% BSA，2mmol/L $CaCl_2$，2mmol/L MES，10mmol/L KCl，pH 5.5），1/2 MS 培养基，10% NaClO，无菌水，MS 盐（Sigma M5519），纤维素酶（Sigma C1709），果胶酶（Sigma P3026），Qiagen RTL 缓冲液等。

3. 器具　激光扫描共聚焦显微镜，流式细胞仪（美国 BD FACSAria），培养皿，刀片，水平摇床，离心管，滤网（70μm 孔径和 40μm 孔径）等。

【实验步骤】

1. 植物材料的培养　两种拟南芥种子用 10% NaClO 消毒 10min，无菌水冲洗 5 次，4℃避光春化 3d，播种在 1/2 MS 培养基上萌发，22℃光照培养 5d，光照周期为 16h 光照/8h 黑暗。

2. 原生质体的制备　根据 Birnbaum 报道的方法制备根尖原生质体。在小培养皿中加入酶解缓冲液，用刀片切取拟南芥根尖（约 1cm）放入酶解缓冲液中，在水平摇床上以 85r/min 的转速摇晃，25℃避光酶解 60min。然后将酶解混合物转入离心管中，4℃下，350r/min 离心 5min。收集细胞，除去上清液，加入 1mL 的等渗缓冲液重悬，70μm 孔径的滤网和 40μm 孔径的滤网各过滤一次，镜检观察细胞完整性。

3. 细胞分选　用流式细胞仪（美国 BD FACSAria）分选原生质体中带 GFP 的细胞。100μm 喷嘴，488nm 蓝光激发，鞘液压力为 137.9kPa。以野生型拟南芥根尖原生质体作阴性对照建立分选门，分选门的确定基于以下两个原则：①完整的原生质体具有较高的前向角（FSC）和侧向角（SSC）比值；②相对于阴性对照，GFP 阳性细胞在绿光通道（发射光峰值约为 530nm）有强烈的发射光。细胞直接分选至 Qiagen RTL 缓冲液，混匀立刻冻存于-80℃（Birnbaum et al.，2003）。

【实验结果】

Wer 启动子具有组织专一性，仅在根的表皮层细胞中具有活性（Lee et al.，1999；Birnbaum et al.，2005）。因此，在转基因拟南芥植株 *Wer::GFP* 中，GFP 应该仅在根的表皮层细胞中表达。拟南芥幼苗经 PI（propidium iodide）染色后利用激光扫描共聚焦显微镜进行观察，绿色荧光仅出现在转基因植株 *Wer::GFP* 的根表皮层细胞中（图 2.7.2A），而野生型拟南芥初生根无绿色荧光（图 2.7.2B）（数字资源 2.7.2）。

以野生型拟南芥根尖原生质体作为阴性对照确定分选门，采用绿色荧光通道（GFP channel）和橙色荧光通道（orange channel）双参数分析（图 2.7.3）。野生型拟南芥根尖原生质体不含 GFP，在 488nm 蓝光的激发下调整电压参数使其自发绿色荧光和自发橙色荧光的强度近似相等，整体图形沿对角线分布（图 2.7.3A）。在相同参数下，表达 GFP 的细胞在 488nm 激光激发下呈现绿色，因此该细胞的绿色荧光强度明显强于橙色荧光强度，即分选门 P1 所选细胞（图 2.7.3B），这些细胞为 GFP 阳性细胞，即我们需要的根的表皮层细胞（数字资源 2.7.3）。

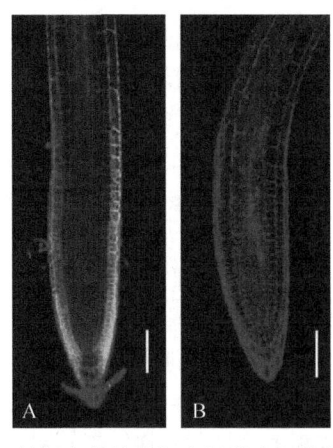

图 2.7.2 生长 5d 的拟南芥幼苗初生根激光扫描共聚焦显微扫描图

A.转基因拟南芥 Wer::GFP 初生根激光扫描共聚焦显微镜观察结果，GFP 荧光只存在于根尖表皮细胞中；B.野生型拟南芥初生根激光扫描共聚焦显微镜观察结果，无 GFP 荧光。标尺=80μm

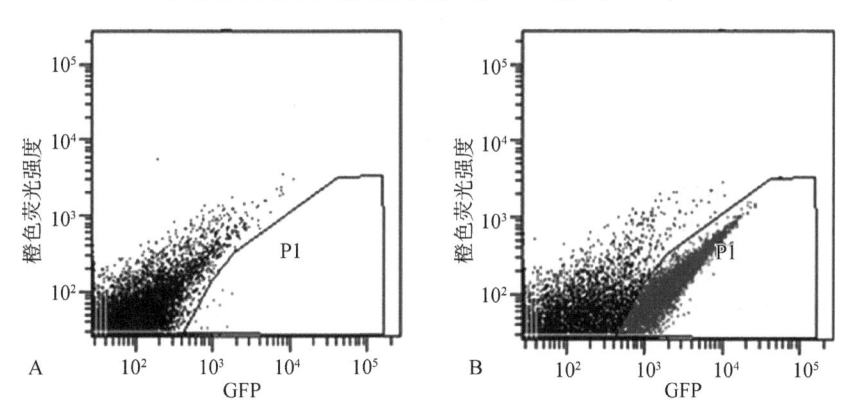

图 2.7.3 FASC 分选散点图

纵坐标为原生质体的自发橙色荧光强度，横坐标为绿色荧光强度。A.野生型拟南芥原生质体双参数分析，说明野生型拟南芥细胞自发荧光，在绿色荧光通道和橙色荧光通道有近似相等的荧光强度；B.Wer::GFP 原生质体双参数分析，说明 Wer::GFP 转基因植物分选门 P1 中的细胞散射出的绿色荧光远大于橙色荧光，这些细胞即 GFP 阳性细胞

【思考题】

1. 简述流式细胞仪的基本原理。
2. 思考流式细胞仪在其他方面的应用。

实验 2.8　植物细胞胞吞作用及内膜系统的荧光显微镜观察

【实验目的】

1. 掌握利用荧光染料 FM4-64 观察植物细胞的内吞作用的方法。
2. 观察和掌握细胞内膜系统的分布。

【实验原理】

细胞内膜系统（endomembrane system）包括内质网（endoplasmic reticulum，ER）、高尔基体（Golgi body）、胞内体（endosome）、溶酶体（lysosome）、分泌膜泡（vesicle）、液泡

（vacuole）等（数字资源 2.8.1）。这些细胞器在结构、功能和发生上是相互关联的动态整体。研究内膜系统的方法有电镜技术、放射自显影技术、GFP 标记荧光技术和相关基因的突变技术等。我们这里选用一种比上述技术都简便的荧光显微观察方法。

FM4-6 是一种吡啶二溴化物，属于水溶性的苯乙烯类复合物，用于质膜和膜泡等的各类研究。常用的染料为 FM4-64（Ex558nm/Em734nm）。FM 类染料对细胞无毒性作用，使用方便。它与质膜及内膜细胞器特异结合后发出高强度的荧光。FM4-64 由一条亲脂的尾部和一个带正电荷的头部经双键相连而成。该染料能通过扩散作用自由通过植物细胞壁，亲脂尾部的存在又使得 FM4-64 可以插入质膜的脂双层外小叶中，但头部正电荷的存在阻止其进一步穿越脂双层，因此需要借助细胞内吞作用才能进入活细胞内。FM4-64 在水相中没有荧光，只有插入脂质生物膜后才显示较强的荧光。当质膜被 FM4-64 染色，并通过内吞作用形成的膜泡与内膜系统细胞器融合后仍可发出荧光，故利用这种荧光探针能够对细胞的内吞过程进行有效标记。根据该染料的荧光强度和位置，可以准确跟踪细胞内吞作用的整个动态过程。

FM4-64 的分子式为 $C_{30}H_{45}Br_2N_3$，分子量为 607.515，其分子构型图如下所示（图 2.8.1）。

图 2.8.1　FM4-64 的分子构型图

ER Tracker Blue-White DPX 染剂是一种活细胞内质网的 Dapoxyl 染料，它的主要成分是格列本脲，是一种糖尿病患者每日降低血糖的药物，也被用于研究胰腺 B 细胞活性和胰岛素分泌。ER Tracker 很容易通过细胞壁和质膜，然后连接 ATP 敏感的 K^+ 通道的磺脲受体上，这个受体主要位于内质网膜上。常用的染料为 ER Tracker（Ex374nm/Em430-640nm），分子式为 $C_{26}H_{21}F_5N_4O_4S$，分子量为 580.53，其分子构型图如下所示（图 2.8.2）。

图 2.8.2　ER Tracker Blue-White DPX 的分子构型图

【材料、试剂和器具】

1. 材料　　正常生长的烟草悬浮细胞或水稻悬浮细胞（非极性生长，生长速度慢）。

2. 试剂

（1）培养基。

1）烟草悬浮细胞培养基（1L）：MS（519）4.43g，蔗糖 30g，2-4-D 0.6mg。

2）水稻悬浮细胞培养基（1L）：MS（519）4.43g，蔗糖 30g，2-4-D 2 mg。

3）百合花粉管萌发培养基：10%蔗糖，0.01%硝酸钙，0.01%硼酸。

（2）500μg/mL 的 FM4-64 储备液：将 100μg FM4-64 粉末（购自 Invitrogen）溶于 20μL 的 DMSO 及 180μL 去离子水中，分装并置−20℃保存备用。

（3）500μmol/L NaN_3（剧毒）。

（4）0.5mg/mL 的山梨醇。

（5）1mmol/L ER Tracker Blue-White DPX 染料（购自 Invitrogen）。

3. 器具　　荧光显微镜或激光扫描共聚焦显微镜等。

【实验步骤】

（1）取 3 个荧光或激光扫描共聚焦显微镜专用培养皿，分别编号①、②、③。

（2）向培养皿①中加入 199μL 含悬浮细胞的培养液和 1μL FM4-64。

（3）置荧光或激光扫描共聚焦显微镜下观察培养皿①中的荧光分布。

（4）观察①的同时，其他组员往培养皿②中加入 159μL 含悬浮细胞培养液和 40μL 山梨醇；同时往培养皿③中加入 195μL 含悬浮细胞培养液和 4μL NaN$_3$。

（5）培养皿①观察完毕后，再向其中加入 1μL ER Tracker Blue-White DPX，室温孵育 10～15min。

（6）分别向培养皿②、③中加入 1μL FM4-64，观察培养皿②和③中的荧光分布。

（7）最后再次观察培养皿①中 FM4-64、ER Tracker Blue-White DPX 双染下的荧光分布。

【注意事项】

需要比较老一些的水稻悬浮细胞（10d 左右），太嫩的质壁分离不明显。

【实验结果】

（1）FM4-64 刚开始标记在烟草悬浮细胞的质膜上（5min），随着时间的延长（5～30min），红色染料进入细胞内膜系统中（图 2.8.3，数字资源 2.8.2）。

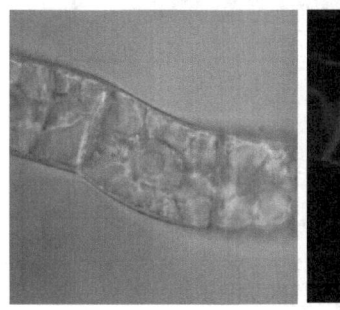

图 2.8.3　FM4-64 对内膜系统的染色

（2）NaN$_3$（呼吸链抑制剂）处理烟草悬浮细胞后，能抑制细胞的内吞作用，因此 FM4-64 不能通过内吞作用进入细胞内（图 2.8.4，数字资源 2.8.3）。

图 2.8.4　NaN$_3$ 对内吞作用的抑制作用

（3）用山梨醇处理烟草悬浮细胞 10min，使之发生质壁分离，FM4-64 只能染色质膜，而细胞壁及细胞其他部位不着色（图 2.8.5，数字资源 2.8.4）。

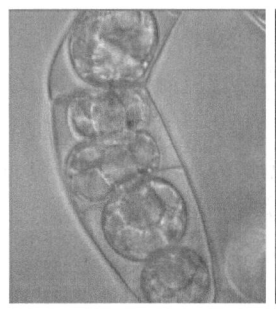

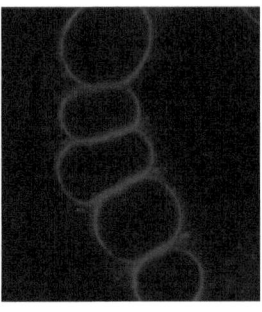

图 2.8.5 质壁分离证明 FM4-64 不能染色细胞壁

（4）观察 FM4-64 和 ER Tracker Blue-White DPX 双染色的水稻悬浮细胞，注意两种染色的叠加图像中质膜呈红色，细胞核外围 ER 和胞质中的 ER 呈蓝色，叠加的内膜系统为粉色（图 2.8.6，数字资源 2.8.5）。

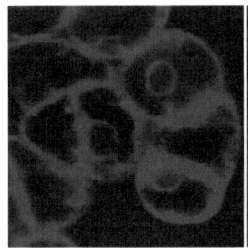

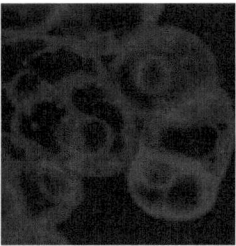

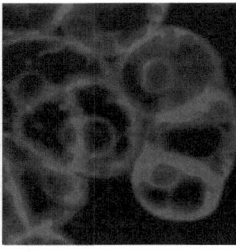

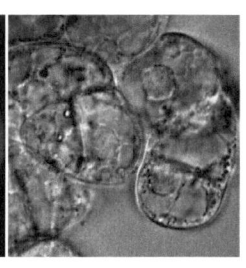

图 2.8.6 双染色观察细胞内的内膜系统细胞器

【思考题】

1. 为什么 FM4-64 染料可以用于细胞内吞作用的研究？
2. 经 NaN_3、山梨醇预处理的样品与直接进行 FM4-64 染色的样品，其荧光的分布有何不同？为什么？
3. 请指出你能观察和分辨出的细胞内膜系统的成分。

【附录】

可见分光光度计的操作与使用视频参见数字资源 2.8.6。

实验 2.9　*Taq* 酶的提取、分离纯化及酶制剂的制备

【实验目的】

掌握 *Taq* 酶制剂的制备方法。

【实验原理】

酶制剂按纯度分为粗酶制剂和纯酶制剂；按剂型分为液体酶制剂和固体酶制剂。

含有 *Taq* DNA 聚合酶基因的 pTaq 表达质粒，全长 5166bp，具有 *T7* 噬菌体强启动子，在其多克隆位点的上游和下游都含有六聚组氨酸（6×His）标签蛋白基因，载体上还含有一个氨苄青霉素抗性基因的筛选（图 2.9.1）。将质粒转化到 ER2566 表达菌株，用 IPTG 诱导表达，用高速离心法收集菌体，然后用加热变性或快速冻融法去除杂蛋白等方法进行蛋白纯化。可以

用 SDS-PAGE 电泳检测 Taq 酶的表达情况，或利用 PCR 反应检测 Taq 酶的活力、敏感性和特异性。

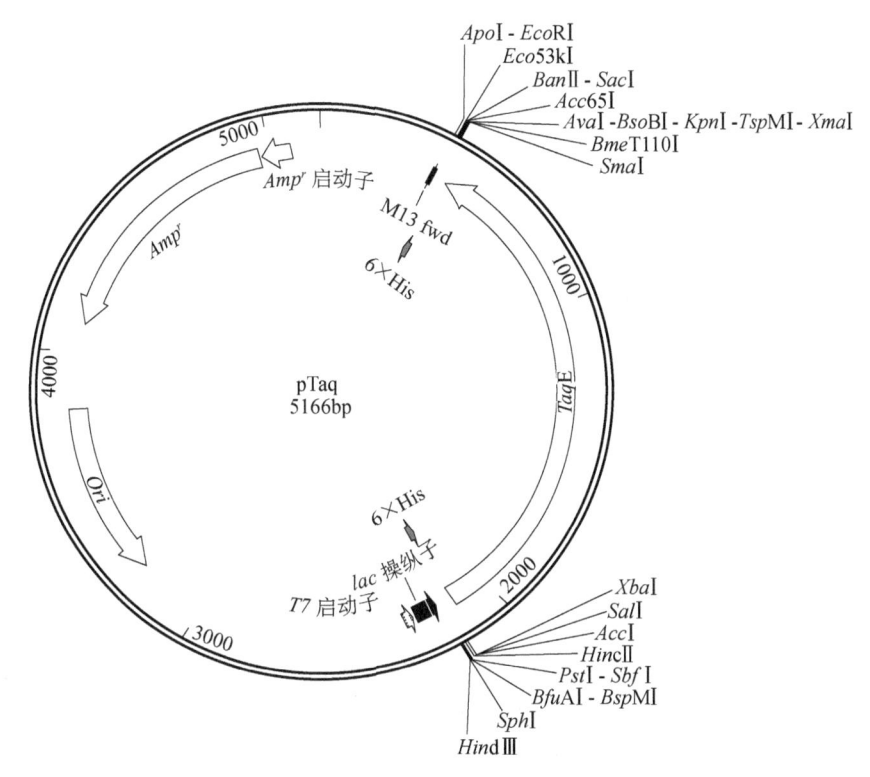

图 2.9.1 表达质粒 pTaq 图谱

【材料、试剂和器具】

1. 材料 ER2566 表达菌株（含有 Taq 酶基因）。

2. 试剂 洗涤缓冲液（wash buffer），裂解缓冲液（lysis buffer），存储缓冲液（storage buffer），LB 培养基，PEG，IPTG 溶液等。

3. 器具 磁力搅拌器，水浴锅，超声破碎仪，冷冻离心机，透析袋等。

【实验步骤】

（1）在含有氨苄青霉素抗性的 LB 固体培养基（100mg/L Amp）上，划线活化菌株。

（2）挑单菌落于 10mL LB（Amp$^+$）培养基中，于 37℃振荡过夜培养。

（3）转接到 250mL LB（Amp$^+$）液体培养基中，于 37℃培养 2~3h 至 OD 为 0.8~1.0。

（4）加入 IPTG 溶液至其终浓度为 1mmol/L，37℃诱导 4h。

（5）4℃下以 8000r/min 离心 10min。

（6）菌体重悬于 45mL 洗涤缓冲液中，洗去 LB 培养基的成分。然后 4℃下以 8000r/min 离心 10min，重复进行 2 次。弃上清液。

（7）加入 50mL 裂解缓冲液（加入溶菌酶，浓度为 4mg/mL），室温放置 15min。

（8）超声（工作频率 20kHz，超声功率 400W，超声 5s，间隔 5s）处理 10~20min，至菌体澄清。

（9）75℃变性 1h，去除对热不稳定的杂蛋白。

（10）4℃下以 12 000r/min 离心 30min，取上清液。

（11）按 30g/100mL 浓度加入（NH₄）₂SO₄，室温下慢加慢摇。

（12）4℃下以 12 000r/min 离心 30min，弃上清液。

（13）向沉淀中加入 20mL 存储缓冲液，溶解后放入透析袋。

（14）加 400mL 存储缓冲液于 1L 烧杯中，更换透析液 2~3 次，透析 24h。

（15）用 PEG-20000 浓缩至所需体积。

（16）取出酶液，加等体积甘油，-80℃保存备用。

【注意事项】

（1）配制 PMSF 时，应戴手套和口罩。

（2）透析袋及透析夹都需戴 PE 手套处理。

（3）*Taq* 酶液不能反复冻融。

【实验结果】

获得 *Taq* 液体酶制剂。如有需要可进一步用 SDS-PAGE 电泳检测 *Taq* 酶的表达情况，或进行 PCR 反应以检测 *Taq* 酶的活力、敏感性和特异性。

【附录】

（1）洗涤缓冲液（pH 8.0）：50mmol/L Tris-HCl，50mmol/L KCl，0.1mmol/L EDTA。

（2）裂解缓冲液：50mmol/L Tris-HCl，50mmol/L KCl，0.1mmol/L EDTA，0.5% Tween-20，0.2mmol/L PMSF，1mmol/L DTT，溶菌酶 4mg/mL。

（3）存储缓冲液：50mmol/L Tris-HCl，50mmol/L KCl，0.1mmol/L EDTA，0.2mmol/L PMSF，1mmol/L DTT。

（4）透析袋处理：在 2%（*W/V*）NaHCO₃ 和 1mmol/L EDTA（pH 8.0）中，将透析袋煮沸 10min。

（5）1mol/L IPTG：称量 23.8g IPTG，溶于水中，定容至 100mL，在超净台用注射器过滤除菌，-20℃分装保存。

（6）100mmol/L PMSF：溶解 174mg 的 PMSF 于足量的异丙醇中，定容至 10mL，-20℃分装保存。

（7）1mol/L DDT：称取 3.09g DTT，溶于 20mL 0.01mol/L 乙酸钠溶液（pH 5.2），过滤除菌，-20℃分装保存。

（8）*Taq* 酶的提取视频参见数字资源 2.9.1。

实验 2.10　木瓜蛋白酶的提取、活性测定及固定化

【实验目的】

1. 了解木瓜蛋白酶的性质。

2. 掌握木瓜蛋白酶的活性测定原理及方法。

3. 掌握海藻酸钠-明胶包埋法。

【实验原理】

木瓜蛋白酶（papain）简称木瓜酶（数字资源2.10.1），广泛存在于番木瓜（*Carica papaya* L.）的根、茎、叶和果实内，未成熟果实的乳汁中含量最丰富，约占乳汁的40%。此外，乳汁还含有木瓜凝乳酶、溶菌酶和胡萝卜素等，并富含氨基酸和多种营养元素。

木瓜蛋白酶可以采用木瓜提取分离法、植物细胞培养法、微生物发酵法等多种方法进行生产。木瓜提取分离法是从木瓜中获得木瓜乳汁，通过各种分离纯化技术获得木瓜蛋白酶。植物细胞培养法是通过愈伤组织诱导获得木瓜细胞，从中获得木瓜蛋白酶。微生物发酵法是通过DNA重组技术将木瓜蛋白酶的基因克隆到大肠杆菌等微生物中，获得基因工程菌，再通过基因工程菌发酵获得木瓜蛋白酶。

木瓜蛋白酶在一定的温度与pH条件下，水解酪蛋白底物，然后加入三氯乙酸（TCA）终止酶反应。酪蛋白被木瓜蛋白酶降解生成的酪氨酸，在紫外光区275nm处有最大吸收峰。用紫外分光光度法测定，根据吸光度计算其酶活力。木瓜蛋白酶酶活力是指将在一定温度（60℃）和pH 7.0条件下，1min水解酪蛋白产生1μg酪氨酸所需的酶量为一个酶活力单位。

木瓜蛋白酶的固定化可采用海藻酸钠-明胶包埋法。该法首先将3%海藻酸钠和3%明胶溶液混合，并把木瓜蛋白酶分散在其中；然后将其滴入凝固液中（常用$CaCl_2$溶液），使海藻酸钠中的Na^+部分被Ca^{2+}所取代而形成由多价离子交联的离子网络凝胶；最后再用戊二醛加以交联硬化。

【材料、试剂和器具】

1. 材料 青木瓜。

2. 试剂 5%戊二醛，生理盐水，HCl，0.2mol/L Na_2HPO_4/NaH_2PO_4缓冲液（PBS，pH 7.0），0.5mol/L EDTA，0.25mol/L L-半胱氨酸（L-Cys），200μg/mL 标准酪氨酸溶液，1%酪蛋白，0.8mol/L TCA，Na_2HPO_4-柠檬酸缓冲液（pH 5.0），3%海藻酸钠溶液，3%明胶溶液，1.5% $CaCl_2$溶液等。

3. 器具 托盘，小刀，称量纸，石英砂，研钵，普通试管，10mL塑料管，量筒，移液管，移液器，玻璃棒，吸耳球，烧杯，注射器，真空冷冻干燥仪，紫外分光光度计，水浴锅，电磁炉，10mL转子普通离心机，50mL转子低温离心机，1%电子天平，1‰电子天平等。

【实验步骤】

1. 酪氨酸标准曲线的制作 取6支试管，按照表2.10.1，加入已知浓度的标准酪氨酸和磷酸缓冲液，得到一系列不同浓度的酪氨酸溶液。

表2.10.1 不同浓度酪氨酸溶液配制表

成分	1	2	3	4	5	6
标准酪氨酸（200μg/mL）/mL	0	0.3	0.6	0.9	1.2	1.5
PBS（含40mmol/L EDTA 和 4mmol/L L-Cys）/mL	3.0	2.7	2.4	2.1	1.8	1.5
酪氨酸含量/μg	0	60	120	180	240	300
OD_{275}						

将配制好的不同浓度梯度的酪氨酸溶液置于60℃恒温水浴中保温10min，加入3.0mL 0.8mol/L TCA，在紫外分光光度计测定OD_{275}下的吸光值。以酪氨酸含量为横坐标，光密度为

纵坐标，绘制酪氨酸标准曲线。

2. 木瓜蛋白酶的提取 新鲜木瓜削皮切碎，取木瓜肉2g，置于研钵中加少许石英砂研磨，边研磨边加冰的PBS（含40mmol/L EDTA和4mmol/L L-Cys）8mL，研磨至匀浆。4℃下以4000r/min离心10min，取上清液。同时，取木瓜汁液2g，步骤同上，全班共用一份样品，与果肉组织酶活力进行比较。

3. 木瓜蛋白酶活性测定 酶反应体系3mL，如表2.10.2所示。取4支试管并标号，1号以PBS代替木瓜蛋白酶上清液作为参比对照，重复3次。

表2.10.2 木瓜蛋白酶反应体系

成分	对照	重复1	重复2	重复3
0.2mol/L pH 7.0 PBS（40mmol/L EDTA和4mmol/L L-Cys）/mL	1.5	1.0	1.0	1.0
木瓜蛋白酶/mL	0	0.5	0.5	0.5
1%酪蛋白/mL	1.5	1.5	1.5	1.5
OD_{275}				

将反应体系放入60℃水浴锅反应10min，加入3.0mL 0.8mol/L TCA试剂终止反应，振荡混匀后室温静置15min，4000r/min离心5min，取上清液。在275nm波长下测定吸光度（1号空白为参比）。

4. 木瓜蛋白酶提取液中蛋白质含量 用考马斯亮蓝法测定木瓜蛋白酶提取液中蛋白质含量。

5. 木瓜蛋白酶的固定化

（1）真空冷冻干燥仪制取粗酶粉制剂。用真空干燥仪（-80℃，1kPa），对木瓜蛋白酶进行真空冷冻干燥。

（2）取2.5mL木瓜蛋白酶液、5mL 3%海藻酸钠溶液混合搅拌，加入5mL 3%明胶溶液搅拌均匀，吸入注射器。

（3）用6号注射器针头以15cm高度，均匀向下注入20mL 1.5% $CaCl_2$溶液中，立刻形成光滑的微球。

注意：速度不要太快，防止微球连成线。

（4）置于4℃冰箱，放置30min。

（5）倾掉$CaCl_2$溶液，加入20mL 5%戊二醛，硬化1~24h。

（6）待微球达到一定硬度后，用20mL生理盐水洗涤3~5次，得到固定化木瓜蛋白酶。

本实验所用的真空冷冻干燥仪及部分原料、产物参见图2.10.1（数字资源2.10.2）。

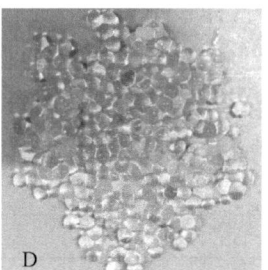

图2.10.1 本实验部分仪器、原料、产物图
A.真空冷冻干燥仪；B.木瓜乳汁；C.木瓜蛋白酶粗酶粉制剂；D.固定化木瓜蛋白酶凝胶小球

【实验结果】

根据样品在 275nm 处的 OD 值，查找标准曲线，得出样品中酪氨酸的含量。根据公式算出木瓜蛋白酶上清液中每毫升具有的活力单位（U/mL），再根据考马斯亮蓝法换算为每毫克蛋白质具有的酶活力单位（U/mg）。

【思考题】

1. 除了海藻酸钠-明胶包埋法制备，木瓜蛋白酶还有哪些方法？
2. 固定化木瓜蛋白酶有哪些应用？
3. 固定化木瓜蛋白酶的固定化效率如何计算？

【附录】

（1）本实验所需试剂的配制参见数字资源 2.10.3。
（2）木瓜蛋白酶的固定化和提取视频参见数字资源 2.10.4。

资源 2.10.3 和 2.10.4

实验 2.11 酵母双杂交实验

【实验目的】

1. 掌握酵母双杂交系统的应用。
2. 学习检测蛋白质相互作用的基本原理和技术方法。

【实验原理】

1989 年，Fields 和 Song 等根据当时人们对真核生物转录起始过程调控的认识（即细胞内基因转录的起始需要转录激活因子的参与），提出并建立了酵母双杂交系统（yeast two-hybrid system）（图 2.11.1）。该系统作为发现和研究活细胞体内的蛋白质与蛋白质相互作用的技术平台，近几年得到了广泛的运用和发展。

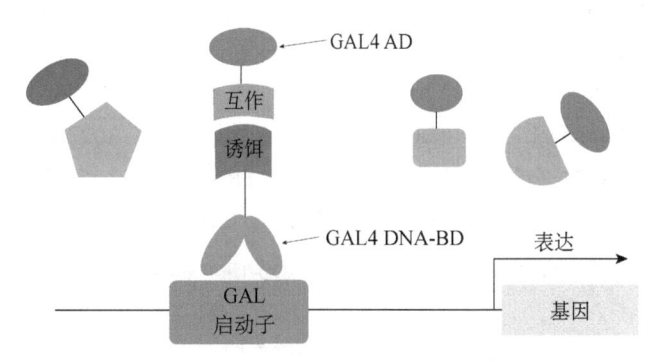

图 2.11.1 酵母双杂交原理示意图

在酵母双杂交系统中，转录激活因子包含 DNA 结合域（DNA-binding domain，BD）和转录激活域（transcription activating domain，AD）等结构域，它们是转录激活因子发挥功能所必需的。例如，酵母的转录激活因子 GAL4 在 N 端有一个由 147 个氨基酸组成的 DNA 结合域，在 C 端有一个由 133 个氨基酸组成的转录激活域。单独的 BD 虽然能够和启动子结合，但是不能激活转录。而不同的转录激活因子的 BD 和 AD 形成的杂蛋白仍具有正常的激活转录的功能。因此，将 BD 与已知的诱饵蛋白（Bait）X 融合（构建 BD-X 质粒），将 AD 与待筛选的互作蛋白（Prey）Y 融合（构建 AD-Y 质粒），两个穿梭质粒共转化至酵母细胞内表达。蛋白质 X 和 Y 的相互作用导致了 BD 与 AD 在空间上的接近，从而激活上游激活序列（upstream activating sequence，UAS）下游启动子调节的特定报告基因（如 *HIS3*、*LEU2*、*ADE2*）等表达，最终在特定缺陷培养基上生长，证明蛋白质 X 和 Y 存在相互作用。

【材料、试剂和器具】

1. 材料　酵母菌株 AH109。

2. 试剂　50% PEG-3350（121℃灭菌 20min），1mol/L LiAc（pH 7.0）（121℃高压蒸汽灭菌 20min），2mg/mL 鲑鱼精 DNA（过滤除菌），酵母培养基 YPD（pH 5.8），酵母双杂交二缺培养基（DO-Trp-Leu，pH 5.8），酵母双杂交三缺培养基（DO-Trp-Leu-His，pH 5.8），酵母双杂交四缺培养基（DO-Trp-Leu-His-Ade，pH 5.8）等。

注：所有的营养缺陷（drop-out，DO）培养基根据公司不同，用量也有所不同。

3. 器具　超净台，恒温摇床，恒温培养箱，移液器，分光光度计，制冰机，恒温金属浴，台式离心机，90mm 培养皿，1.5mL 离心管，50mL 离心管，100mL 锥形瓶等。

【实验步骤】

（1）实验开始前 2～3d，从 -80℃复苏酵母菌株 AH109 于 YPD 固体培养基，30℃倒置培养。

（2）挑取酵母菌株 AH109 单克隆于 5mL YPD 液体培养基，30℃下以 220r/min 培养 12h。

（3）将菌液稀释 10 倍，30℃下以 220r/min 培养 5h 左右，达到对数生长期。

（4）800r/min 离心 2min，富集菌体，弃掉上清液。加入 1mL ddH$_2$O 吹吸混匀，800r/min 离心 2min，弃上清液。提前将 2mg/mL ssDNA 放置于 95℃加热 5min 后，置于冰上预冷。转化体系如下：240μL 50% PEG-3350，36μL 1mol/L LiAc，50μL 2mg/mL ssDNA，2μL 质粒 AD，2μL 质粒 BD，30μL ddH$_2$O，合计 360μL。

（5）室温静置 30min，42℃水浴 15min，冰浴 5min。800r/min 离心 2min，弃上清液，用适量 ddH$_2$O 吹吸菌体后，转移到二缺营养缺陷（DO-Trp-Leu）培养基平板上 30℃培养 3d。

（6）挑取单克隆划线二筛纯化和扩大培养。

（7）将二筛的菌株接种于二缺（DO-Trp-Leu）液体培养基，30℃下以 220r/min 恒温振荡培养 12h，调 OD$_{550}$ 至 0.2，分别点点或划线于二缺（DO-Trp-Leu）、三缺（DO-Trp-Leu-His）和四缺（DO-Trp-Leu-His-Ade）培养基中（图 2.11.2）。

	DO-Trp-Leu		DO-Trp-Leu-His-Ade	
	BD	BD-X	BD	BD-X
AD	○	○	○	○
AD-Y	○	○	○	●

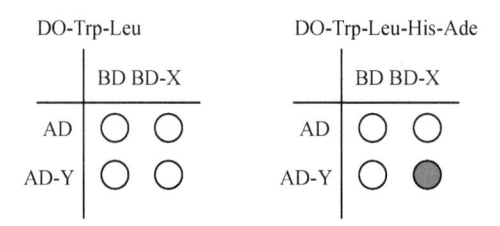

图 2.11.2　酵母双杂交不同缺陷培养基点点培养示意图

（8）培养 2d，观察菌斑生长情况，对结果进行拍照。

【注意事项】

在无菌操作中,一定要保持工作区的无菌清洁。因此,应注意以下几点:①操作前,试验试剂应提前灭菌处理;在操作前要认真戴手套,并在手套上喷洒75%乙醇进行消毒;操作前用紫外灯照射超净台消毒。②操作时,培养基、转化试剂等要在超净台内打开使用,所有操作均在超净台内完成。③操作完毕后,在超净工作台内将培养基、转化试剂等封口,用75%乙醇消毒,清理超净台。

【实验结果】

一般情况下,酵母细胞在2d左右就能出现单克隆,第3天就可以对单克隆进行二次筛选划线。划线于三缺或者四缺培养基中,如果AD+BD组合生长,则酵母菌株出现问题,重新复苏;如果BD-X+AD或AD-Y+BD组合任意一个在四缺培养基上生长,需要用3-AT进行处理,抑制其自激活现象。

【思考题】

1. 如何对酵母细胞进行转化?
2. 酵母双杂交的应用有哪些?

【附录】

(1) 本实验所需培养基的制备参见数字资源2.11.1。
(2) 酶标仪的操作与使用视频参见数字资源2.11.2。

资源2.11.1 和2.11.2

实验2.12 酵母单杂交实验

【实验目的】

1. 掌握酵母单杂交系统的应用。
2. 学习检测蛋白质与DNA序列相互作用的基本原理和技术方法。

【实验原理】

酵母单杂交(yeast one hybrid)技术最早是1993年由Li等从酵母双杂交技术发展而来,通过对报告基因的表型检测,分析DNA与蛋白之间的相互作用,以研究真核细胞内的基因表达调控。由于酵母单杂交方法检测特定转录因子与顺式作用元件专一性相互作用的敏感性和可靠性,现已被广泛用于克隆细胞中含量微弱的、用生化手段难以纯化的特定转录因子。

酵母单杂交是根据DNA结合蛋白(即转录因子)与DNA顺式作用元件结合调控报告基因表达的原理,克隆与靶元件特异结合的转录因子基因(cDNA)的有效方法。其理论基础是:许多真核生物的转录激活子由物理和功能上独立的DNA结合域和转录激活域组成,因此可构建各种基因与AD的融合表达载体,在酵母中表达为融合蛋白时,根据报道基因的表达情况,便能筛选出与靶元件有特异结合区域的蛋白质。理论上在单杂交检测中,任何靶元件都可被用于筛选一种与之有特异结合区域的蛋白质(图2.12.1)。

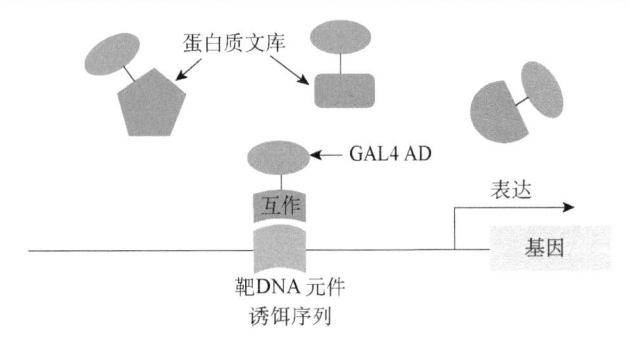

图 2.12.1 酵母单杂交原理示意图

【材料、试剂和器具】

1. 材料　酵母菌株 Y1H gold。

2. 试剂　50% PEG-3350（121℃灭菌 20min），1mol/L LiAc（pH 7.0，121℃高压蒸汽灭菌 20min），2mg/mL 鲑鱼精 DNA（过滤除菌），酵母培养基 YPD（pH 5.8），酵母单杂交单缺培养基（DO-Ura），酵母单杂交单缺培养基（DO-Leu），1mg/mL 金担子素 A（Aureobasidin A，AbA）等。

注：所有的 DO 培养基根据公司不同，用量也有所不同。

3. 器具　超净台，恒温摇床，恒温培养箱，移液器，分光光度计，制冰机，恒温金属浴，台式离心机，90mm 培养皿，1.5mL 离心管，50mL 离心管，100mL 锥形瓶等。

【实验步骤】

（1）实验开始前 2～3d，从-80℃复苏酵母菌株 Y1H gold 于 YPD 固体培养基，30℃倒置培养。

（2）挑取酵母菌株 Y1H gold 单克隆于 5mL YPD 液体培养基，30℃下以 220r/min 培养 12h。

（3）将菌液稀释 10 倍，30℃下以 220r/min 培养 5h 左右，达到对数生长期。

（4）800r/min 离心 2min，富集菌体，弃掉上清液，加入 1mL ddH$_2$O 吹吸混匀，800r/min 离心 2min，弃上清液；提前将 2mg/mL ssDNA 放置于 95℃加热 5min 后置于冰上预冷。转化体系如下：240μL 50% PEG-3350，36μL 1mol/L LiAc，50μL 2mg/mL ssDNA，2μL 质粒（pAbAi），32μL ddH$_2$O，合计 360μL。

（5）室温静置 30min，42℃水浴 15min，冰浴 5min。800r/min 离心 2min，弃上清液，用适量 ddH$_2$O 吹吸菌体后，转移到单缺（DO-Ura）营养缺陷培养基平板上 30℃培养 3d。

（6）挑取单克隆划线二筛纯化，进行 PCR 验证，将 pAbAi-DNA 基因序列构建到酵母菌株基因组。

（7）将 AD-Y 和 AD 质粒转化于上述酵母菌株，转移至单缺（DO-Leu）营养缺陷培养基平板上 30℃培养 3d 后，进行二筛。

（8）将二筛的菌株接种于单缺（DO-Leu）液体培养基 30℃培养 12h，调 OD$_{550}$ 至 0.2，分别点点（图 2.12.2）或划线于单缺（DO-Leu）和单缺（DO-Leu）+AbA 培养基中。

（9）培养 2d 后查看菌斑生长情况，对结果进行拍照。

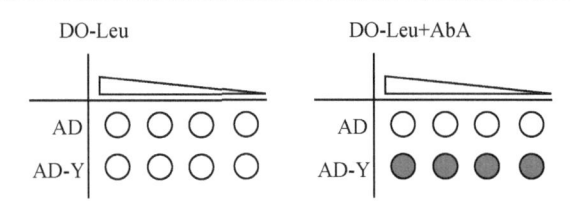

图 2.12.2　酵母单杂交不同缺陷培养基点点培养示意图

【注意事项】

在无菌操作中，一定要保持工作区的无菌清洁。具体注意事项见实验 2.11。

【实验结果】

一般情况，酵母细胞在 2d 左右就能出现单克隆，第 3 天就可以对单克隆进行二次筛选划线。划线于单缺培养基中，如果 200ng/mL AbA 不能抑制酵母生长，则酵母菌株出现问题，重新复苏；实验需要摸索 AbA 的浓度，一般为 500~1000ng/mL，最大不能超过 2000ng/mL。

【思考题】

1. 酵母单杂交过程中要注意哪些事项？
2. 酵母单杂交的应用有哪些？

【附录】

本实验所需培养基的制备参见数字资源 2.12.1。

资源 2.12.1

实验 2.13　凝胶阻滞实验

【实验目的】

1. 掌握凝胶阻滞实验的原理。
2. 了解其用途和操作过程。

【实验原理】

凝胶阻滞实验又称电泳迁移率变动分析（electrophoretic mobility shift assay，EMSA）或凝胶迁移实验，是一种研究蛋白质和核酸之间相互作用的技术。EMSA 主要是基于蛋白质-核酸探针间形成的复合物在凝胶电泳中迁移较慢的原理设计的。实验过程中，根据实验要求设计特异性或非特异性探针，当探针与蛋白质样本共孵育时，样本中可与探针结合的蛋白质与探针之间形成蛋白质-探针复合物。该复合物因分子量较自由探针大，在进行非变性聚丙烯酰胺凝胶电泳时，迁移率减慢，相对于未结合蛋白质的探针，条带滞后。这个滞后带的出现进一步说明探针与蛋白质之间存在互作关系。同时，为了确定互作的特异性，还需在蛋白质-探针混合液中分别加入不同浓度的"竞争剂"（competitor）。竞争剂与探针序列相同，但没有被标记。如果被检测的滞后条带随"竞争剂"浓度增加而逐渐减弱，说明蛋白质和探针之间的结合是特异性的（图 2.13.1）。

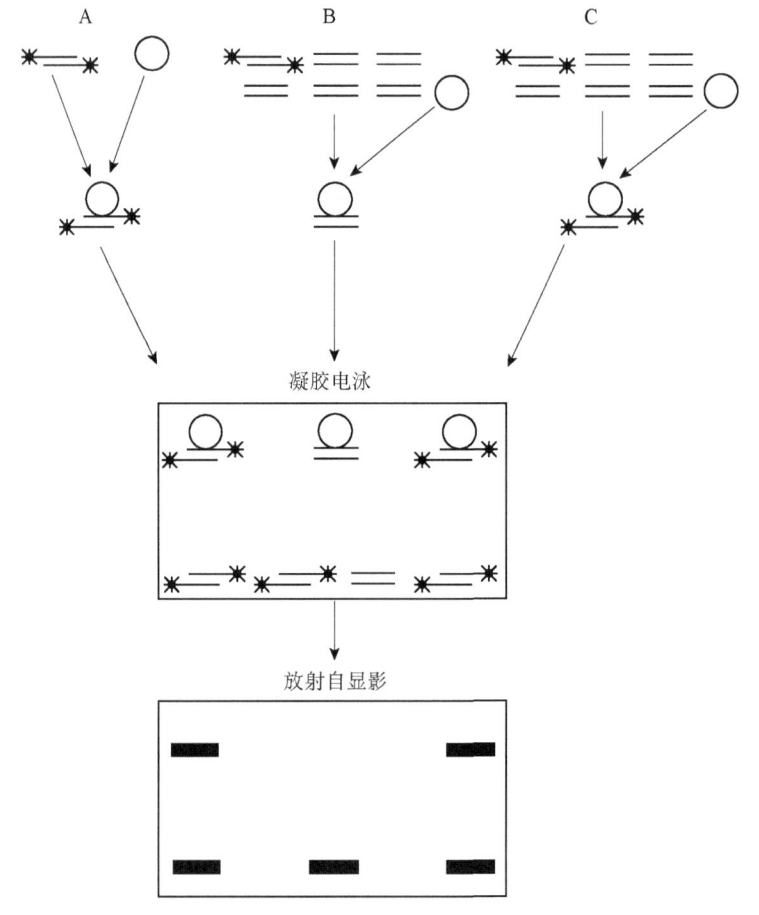

图 2.13.1 凝胶阻滞实验原理示意图

A.标记探针与蛋白质结合；B.未标记探针与蛋白质结合；C.标记和未标记探针与蛋白质竞争结合

探针需要经过放射性同位素或者生物素标记。生物素标记法因更稳定、准确和方便等优点而被用于 EMSA 实验中。探针的标记可以采用随机引物标记法，也可送交公司直接合成，探针可以在 3′端或 5′端进行标记，或者两侧同时标记。

凝胶阻滞实验具有方法简单、操作快捷、灵敏度高等优点。该方法最初用于转录因子与启动子的相互作用验证，后来也用于蛋白质-DNA、蛋白质-RNA 互作的研究。除了结合特异的蛋白质，通过加入特异性的抗体，该方法还可以进一步确定阻滞条带所结合的蛋白质。结合定点突变技术，该方法也可用来研究蛋白质与核酸结合的关键位点。

【材料、试剂和器具】

1. 材料 本实验用到的蛋白质为玉米大斑病菌转录因子 mbp1，核酸序列为 pks 启动子部分序列。分别合成其正向序列（5′-ACgCgACAgCgCgATCCgCggCATCgCgCgATC-3′）和反向互补序列（5′-gATCgCgCgATgCCgCggATCgCgCTgTCgCgT-3′），在序列的 5′端添加生物素标记，用时将正、反向探针混合，同时合成未标记生物素的探针序列。本实验以赛默飞试剂盒 LightShift Chemiluminescent EMSA Kit 提供的 EBNA DNA 和 EBNA extract 为阳性对照。

2. 试剂 LightShift Chemiluminescent EMSA Kit（Thermo），10×TBE 缓冲液，Arc-Bis 丙烯酰胺凝胶，80%甘油，10%（W/V）$(NH_4)_2S_2O_8$（APS），显影液、定影液各 500mL，重蒸水

或 Milli-Q 级纯水等。

3. 器具 电泳仪，电泳槽，制胶架，蛋白湿转仪，紫外交联仪，镊子，剪刀，尼龙膜，摇床，电子天平，水浴锅，X 光片，暗室，洗片设备等。

【实验步骤】

1. 5%聚丙烯酰胺凝胶的配制

（1）清洗电泳模具，注意不能有 SDS 残留（SDS 会影响蛋白质的空间结构）。

（2）安装电泳模具。

（3）制备 10mL 5%聚丙烯酰胺凝胶：7.3mL ddH$_2$O，0.5mL TBE 缓冲液（10×），1.8mL Arc-Bis（Arc：Bis=29：1）丙烯酰胺凝胶（30%，W/V），315μL 80%甘油，75μL 10% (NH$_4$)$_2$S$_2$O$_8$，10μL TEMED。

（4）加入 TEMED 前先混匀，加入 TEMED 后立即混匀，并马上加到制胶的模具中，插上样品梳，避免梳齿部位产生气泡。凝固 1h 以上。

（5）用预冷的 0.5×TBE 作为电泳液，按照 10V/cm 的电压预电泳 10min（时间允许，可预电泳时间长些，1h 以上更好，预电泳可使胶孔更均匀）。预电泳时如果有空余的上样孔，可以加入少量稀释好的 1×EMSA 上样缓冲液（蓝色），以观察电压是否正常。

2. EMSA 结合反应 按照表 2.13.1 顺序依次加入各种试剂，在加入标记好的探针前先混匀，室温（20~25℃）反应 10min，从而消除可能发生的 DNA 和蛋白质的非特异性结合。然后加入标记好的探针，混匀，室温反应 20min。正式实验中，用自己的探针和蛋白质代替对照反应的相应成分即可。

表 2.13.1 对照 EMSA 体系的结合反应

试剂	阴性对照	样品反应	竞争反应
ddH$_2$O	12μL	11μL	9μL
10×结合缓冲液	2μL	2μL	2μL
50%甘油	1μL	1μL	1μL
100mmol/L MgCl$_2$	1μL	1μL	1μL
1μg/μL poly（dI.dC）	1μL	1μL	1μL
1% NP-40	1μL	1μL	1μL
未标记 EBNA DNA（2pmol/μL）	—	—	2μL
EBNA 提取物（蛋白质样品）	—	1μL	1μL
生物素标记 EBNA 对照 DNA（0.4fmol/μL）	2μL	2μL	2μL
总体积	20μL	20μL	20μL

体系反应 20min 后，加入 5μL 5×上样缓冲液到 20μL 的结合反应中，上下吸放混匀，不要涡旋混匀和剧烈振荡。

3. 电泳 将步骤 2 的样品混匀后立即上样，冰浴中电泳约 1h。胶的温度不能超过 30℃，为防止温度升高，可在冰上进行电泳，如果温度太高，可适当降低电压。待上样缓冲液中的前沿指示剂溴酚蓝移至胶的下缘 1/4 处时停止电泳。

4. 转膜

（1）取一张和 EMSA 胶大小相近或略大的尼龙膜，剪角做好标记，用 0.5×TBE 浸泡至少 10min。尼龙膜自始至终仅能使用镊子夹取，并且仅可夹取不可能接触样品的边角处。

（2）取两片和尼龙膜大小相近或略大的滤纸，用 0.5×TBE 浸湿。

（3）黑色夹子向下，依次铺好海绵、滤纸、凝胶、尼龙膜、滤纸、海绵。把浸泡过的尼龙膜放置在一片浸湿的滤纸上，然后小心地取出 EMSA 胶放置到尼龙膜上，另取一张浸湿的滤纸放置到 EMSA 胶上。

（4）利用湿法电转膜方法，以 0.5×TBE 为转膜液，把 EMSA 胶上的探针、蛋白质及探针-蛋白质复合物等转移到尼龙膜上。在冰水浴中进行转膜，100V（或 350mA）电压下持续 30～60min。如果胶厚，则需适当延长转膜时间。

（5）转膜完毕后，小心取出尼龙膜，样品面向上，放置在一干燥的滤纸上，吸掉表面明显的液体。立即进入下一步的交联步骤，注意防止膜变干。

5. 交联　交联的目的是使探针更加牢固地结合在膜上。用紫外交联仪选择 254nm 紫外波长，120MJ/cm^2，交联 1min。如果没有紫外交联仪，可以使用普通的手提式紫外灯（如碧云天的 EUV002），距离膜 5～10cm 照射 3～10min；也可在超净台中，距离膜 5～10cm 照射 3～15min。

交联完毕，可以直接进入下一步检测，也可以用保鲜膜包裹后在室温干燥处存放 3～5d，然后进入下一步检测。

6. 化学发光法检测生物素标记的探针　下面各试剂的用量为 8cm×10cm 的膜推荐使用的体积。如果膜较大，需对所用体积进行调整。所有封闭和检测孵育过程应在摇床上进行。

（1）45℃水浴温和溶解封闭液和 4×洗涤液（这两种溶液的使用温度为 37～50℃，须确保无沉淀，冬天尤其注意）。底物均衡缓冲液可在 4℃和室温条件下使用。

（2）取一合适的容器，加入 10mL 封闭液，放入交联过的含有样品的尼龙膜，在摇床上以 20r/min 缓慢摇动 15min。

（3）准备结合/封闭缓冲液。取 34μL 辣根过氧化物酶标记链霉亲和素（Streptavidin-HRP）结合液加入 10mL 封闭液中（1∶300 稀释），混匀备用。

（4）去掉步骤（2）容器中的封闭液，加入步骤（3）中配制的 10mL 含有 Streptavidin-HRP 结合液的封闭液，继续在摇床上缓慢摇动 15min。

（5）准备 1×洗涤缓冲液。取 20mL 洗涤液（4×），加入 60mL 重蒸水或 Milli-Q 级纯水。

（6）将尼龙膜转移至另一装有 10mL 1×洗涤液的干净容器内，漂洗 1min，然后将洗涤液倒掉，重新加入 10mL 洗涤液，继续在摇床上缓慢摇动 5min，共洗涤 5 次，每次洗涤时间约为 5min。

（7）将尼龙膜转移至另一装有 15mL 底物平衡液的容器内，在摇床上缓慢摇动 5min。同时，取 500μL Luminol/Enhancer 溶液（A 液）和 500μL Stable Peroxide 溶液（B 液），各放在一个 1.5mL 的离心管中，手握使其温度与手温一致。

（8）取出尼龙膜，用吸水纸吸去多余液体后，将膜的样品面向上，将 A 液和 B 液混匀，配制成底物工作液，用移液器吸取后，将其均匀淋在尼龙膜的表面，使工作液完全覆盖尼龙膜。室温反应 2～3min。

（9）取出尼龙膜，用吸水纸吸去过多液体。将尼龙膜放在两片保鲜膜中，固定于压片暗盒内。用 X 光片压片 1～5min，显影和定影各 1min。压片时间根据最终结果进行调整即可。

【注意事项】

（1）不要涡旋对照 DNA 和 EBNA 提取物。

（2）在冰上融化所有的结合反应组分、EBNA 对照系统组分和测试系统样品。EBNA 提取物不要提前融化，用前取出，室温融化。EBNA 提取物不可加热，也不可握融。

(3) 整个操作过程不要涡旋混匀。

(4) 确保滤纸和胶之间、胶和尼龙膜之间、尼龙膜和滤纸间不能有气泡，如有气泡，不能用玻棒赶走气泡，可揭起来重铺。

(5) 底物工作液必须现用现配，避光。

【实验结果】

根据显色结果，验证目标蛋白质与 DNA 底物的结合情况（数字资源 2.13.1）。蛋白质与 DNA 结合后形成的复合物在非变性聚丙烯酰胺凝胶中比游离的 DNA 迁移慢，可以根据迁移率的变化来判断（图 2.13.2）。

资源 2.13.1

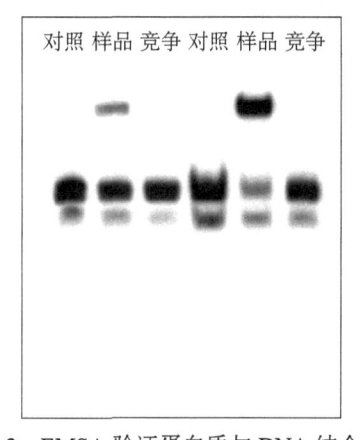

图 2.13.2　EMSA 验证蛋白质与 DNA 结合的结果

【思考题】

1. 如果未出现滞后条带，可能的原因是什么？
2. 加入竞争剂后，滞后条带的亮度未随着竞争剂的增加而减弱，试分析其原因。

【附录】

(1) 10×TBE 缓冲液：准确称取 108.8g Tris 碱、55.6g H_3BO_3、7.48g $Na_2EDTA \cdot 2H_2O$，蒸馏水定容至 1L，NaOH 调 pH 至 8.3。将 10 倍的母液稀释至 0.5×工作液，冰箱中预冷后备用。

(2) Arc-Bis（Arc∶Bis=29∶1）丙烯酰胺凝胶（30%，W/V）：称取 29g Arc、1g Bis，分别溶解，再混合定容至 100mL。

实验 2.14　双分子荧光互补技术

【实验目的】

1. 掌握双分子荧光互补技术的基本原理。
2. 学习利用烟草叶片进行的瞬时表达体系和在活细胞内观察蛋白质相互作用的方法。

【实验原理】

双分子荧光互补技术（bimolecular fluorescence complementation，BiFC）是由普渡大学

Chang-Deng Hu 教授在 2002 年首次报道的一种直观、快速地判断目标蛋白质在活细胞中的定位和相互作用的技术，近年来广泛地应用于分子生物学、细胞生物学、生物化学、遗传学等领域，是一种重要的在活细胞内检测蛋白质相互作用的技术。

其基本原理是：在黄色荧光蛋白（yellow fluorescence protein，YFP）的两个 β 片层之间的环结构（loop）上有许多特异位点，可以插入外源蛋白而不影响 YFP 的荧光活性。BiFC 技术将 YFP 切成两个肽段，通常称为 N 端 YFP（nYFP）和 C 端 YFP（cYFP）。单独的 nYFP 和 cYFP 不能被激发发射荧光，将这两个肽段分别与待检测的两个目标蛋白质 A 和 B 连接，如果 A 和 B 有相互作用，可使 nYFP 和 cYFP 靠近从而重新组建成完整的荧光蛋白，在激发后可以检测到荧光；而如果 A 和 B 没有相互作用，nYFP 和 cYFP 在空间上不能足够靠近从而不能被激发产生荧光。通过分别构建 A-nYFP 和 B-cYFP 融合表达载体，利用烟草叶片瞬时表达这两个载体，培养 24～48h 后即可在荧光显微镜下直接观察到 A 和 B 是否具有相互作用（图 2.14.1）。

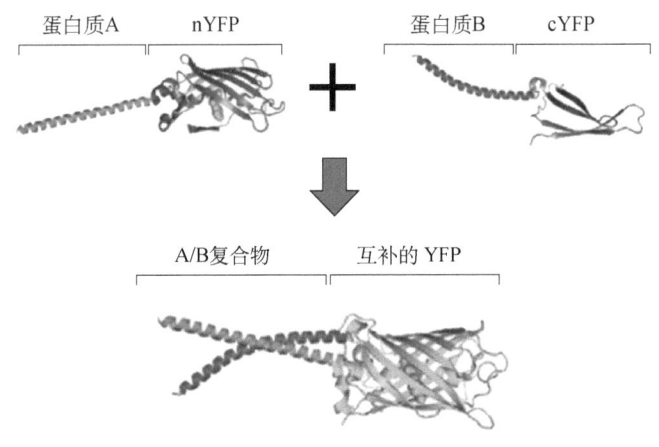

图 2.14.1 BiFC 原理图

这项技术可在最接近活细胞生理状态的条件下，观察到蛋白质相互作用发生的时间、位置、强弱、所形成蛋白质复合物的稳定性，以及细胞信号分子对其相互作用的影响等，这些信息对研究蛋白质相互作用有重要意义。

【材料、试剂和器具】

1. 材料　　本氏烟草，分别转入 nYFP 和 cYFP 空载体质粒的农杆菌，分别转入 A-nYFP 和 B-cYFP 融合表达载体质粒的农杆菌。

2. 试剂　　无菌水，LB 培养基，重悬液等。

3. 器具　　28℃摇床，28℃培养箱，超净台，移液器，离心机（具有 50mL 离心管转子或适配器），分光光度计，荧光显微镜，培养皿，500mL 无菌三角瓶，50mL 无菌离心管，无菌牙签，乳胶手套，一次性 1mL 注射器（不带针头），载玻片，盖玻片等。

【实验步骤】

（1）大约提前一个月种植本氏烟草，蛭石和营养土比例约为 2:1，25℃、14h 光照/10h 黑暗条件下培养，定期浇灌水和营养液，待烟草叶片宽度达到 4cm 以上即可用于瞬时表达实验。

（2）农杆菌的活化和摇菌：将准备好的农杆菌在含有质粒相应抗生素的 LB 固体平板上划线，次日傍晚用无菌牙签挑取单克隆，加入 100mL 含抗生素的液体 LB 培养基中，28℃下以 200r/min 摇床中摇菌过夜。

（3）收集菌体：将菌液倒入离心管或离心瓶，使用离心机 6000r/min 室温离心 10min，倒掉上清液，加入适量新鲜配制的重悬液，吹打混匀，利用分光光度计调整菌体重悬液 OD_{600} 至 1.0 左右。

（4）取等体积的 A-nYFP 和 B-cYFP 进行混合作为样品组，取等体积的 A-nYFP 和 cYFP 空载体混合、等体积的 nYFP 和 B-cYFP 混合、等体积的 nYFP 和 cYFP 混合，这三个组合分别作为负对照组。用 1mL 的注射器（不带针头）将菌液注射到烟草叶片背面，注意不同菌液组合使用不同的注射器。也可将一片较大的烟草叶片分为四个区域，用于注射对照和待检测组合，注意菌液组合之间不要交叉污染。注射完成后可用记号笔标记水渍样区域，将烟草避光保湿过夜，继而正常培养 24～48h 后即可观察结果。

（5）在载玻片上滴加一滴无菌水，用刀片从叶片标记区域轻轻切取 3 片 2～3mm² 大小的叶片小块，背面向上放入水滴中，轻轻盖好盖玻片，尽量避免气泡，使用荧光显微镜观察叶片表皮细胞是否有荧光信号，若有信号，注意观察荧光所在的亚细胞位置。如需标记细胞核，可使用 DAPI 染料。如需延长观察时间，盖片时可用 15%灭菌甘油水代替无菌水。

【实验结果】

注射农杆菌液 48h 后即可观察到对照组没有荧光，样品组有荧光且荧光信号位于细胞核，DAPI 指示细胞核位置（图 2.14.2，数字资源 2.14.1）。结果说明 A 蛋白和 B 蛋白有相互作用并且互作位置在细胞核内。瞬时表达时间过短（如小于 16h）或过长（如大于 72h）可能都会影响结果。

资源 2.14.1

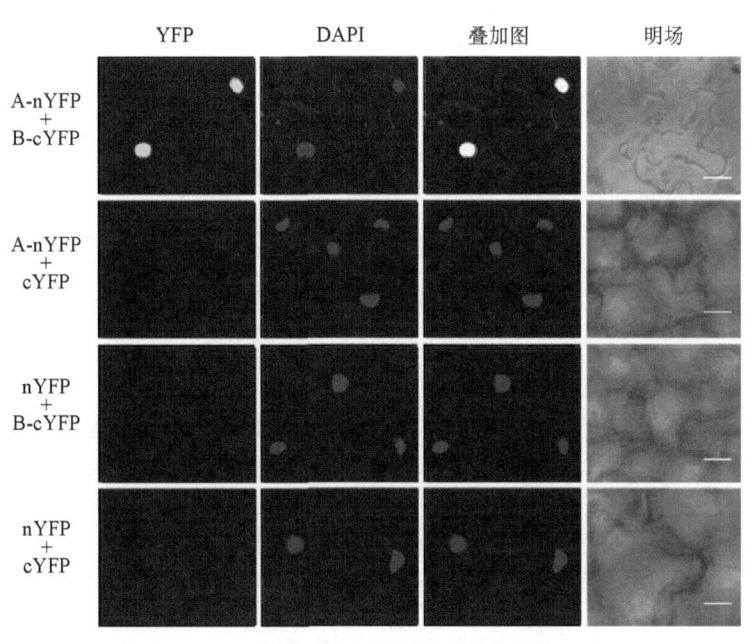

图 2.14.2　荧光显微镜下观察到的不同组合图像

黄色指示的是 YFP 荧光，蓝色为 DAPI 染料标记的细胞核（标尺=20μm）

【思考题】

1. 影响实验成功的关键因素有哪些？
2. 实验中为什么需要设置对照组合？

【附录】

重悬液：10mmol/L MES（pH5.6），10mmol/L $MgCl_2$，200μmol/L 乙酰丁香酮，用无菌蒸馏水配制。

第三章 植物转基因技术及检测

实验 3.1 多肉植物的无菌培养

【实验目的】

1. 掌握常规组织培养技术,加深对无菌操作技术的了解。
2. 了解无菌母株的制备过程。

【实验原理】

植物离体繁殖是利用组织培养技术对外植体进行离体培养,短期内获得遗传性一致的大量再生植株的技术。植物离体繁殖首先要制备无菌母株,其目的是获得无菌材料,并诱导外植体生长和发育,包括从供体植株上采取外植体进行消毒、接种及启动外植体生长等程序。植物的种子、根、茎、芽、叶、花等器官和组织均可作为外植体,但不同器官和组织的离体培养特性不同。熟悉供体植株的自然繁殖机制,有利于确定哪些外植体更适宜诱导再生。为了能快速启动外植体的生长,一般选取植物自然繁殖器官的适当部位为外植体,并要考虑培养物的增殖途径。外植体培养一段时间后可形成一个或多个芽、带根的植株、胚状体、愈伤组织或原球茎等,如果将这些材料进行切割并继续培养,能够进行连续生长繁殖,那么可认为已经建立了无菌培养物,可以进入离体繁殖的下一个阶段。

【材料、试剂和器具】

1. **材料** 多肉植物佛甲草。
2. **试剂** MS 固体培养基,0.1% $HgCl_2$,70%乙醇,吐温-80,植物培养基等。
3. **器具** 超净工作台,高压灭菌锅,移液器,移液器吸头,培养皿,枪状镊,解剖刀,15mL 迷你小瓶,瓶塞,彩绳,封口膜,酒精棉球等。

【实验步骤】

(1) 流水冲洗多肉植物材料 10~15min,将材料放入无菌瓶空瓶,70%乙醇消毒 30s,无菌水清洗 3 次。

(2) 然后加入 0.1% $HgCl_2$ 消毒 10min,并在瓶中滴加两滴吐温-80,其间不停摇晃,用无菌水冲洗多次至无泡沫。

(3) 将植物材料放到无菌的带滤纸的培养皿中,将材料切成长度 3cm 的小段,用镊子将材料插入含有 3mL MS 固体培养基的迷你小瓶内,注意生长方向(向上),封口。

【实验结果】

观察迷你植物的生长情况,是否出现污染并分析原因。

【思考题】

外植体消毒常用的消毒液有哪些？并说明各种消毒液的优缺点。

【附录】

（1）植物培养基：MS 固体培养基，蔗糖 30g/L，琼脂 8g/L，pH 5.8。

（2）灭菌器的操作与使用视频参见数字资源 3.1.1。

实验 3.2　小麦成熟胚愈伤组织诱导

【实验目的】

1. 掌握常规的愈伤组织培养技术，加深对无菌操作的了解。
2. 掌握离体培养材料的表面消毒技术。

【实验原理】

植物体的任何一个细胞都具有全能性。根、茎、叶、胚等组织器官在一定条件下进行离体培养，给予一定的营养和激素，可以脱分化为愈伤组织。在植物组织培养中，主要目标是诱导愈伤组织形成和形态发生，使一个离体的细胞、一块组织或一个器官的细胞，通过脱分化形成愈伤组织，并由愈伤组织再分化形成植物体。愈伤组织是进行离体快繁、细胞突变体筛选、单细胞培养及制备原生质体的良好材料。

植物材料的表面消毒是组织培养技术的重要环节。培养材料进行表面消毒时，一方面要选择具有高效杀菌作用的杀菌剂；另一方面还应考虑植物材料对杀菌剂的耐受能力，选择适宜的杀菌剂和消毒时间。

【材料、试剂和器具】

1. 材料　小麦种子。

2. 试剂　MS 培养基，愈伤诱导用培养基，2,4-D（2,4-二氯苯氧乙酸），0.1% $HgCl_2$、70%乙醇等。

3. 器具　超净工作台，组织培养室，高压灭菌锅，培养皿，枪状镊，解剖刀，酒精棉球，三角瓶，封口膜等。

【实验步骤】

（1）接种室在使用前用紫外线灯照射消毒 30～60min，并用 70%乙醇在室内喷雾，以净化空气。超净工作台在使用前用紫外线灯照射消毒 20～30min，并用 70%乙醇进行台面消毒。

（2）取浸泡 8～12h 的小麦成熟种子，浸入 70%乙醇中 30s，再浸入 0.1% $HgCl_2$ 溶液中消毒 10～15min（此步以后要求无菌操作），用无菌水冲洗 5 次，在灭菌的滤纸上吸干水分，放入灭菌的培养皿中。

（3）在超净工作台上，用灭菌的解剖刀剥取种胚。

（4）将剥取的种胚移到诱导愈伤培养基中，每 3 个放在一起形成一堆，每瓶接种 4～6 堆，然后用封口膜将培养瓶封好。

（5）在组织培养室内，24～26℃下黑暗培养 1 周，形成愈伤组织。

【实验结果】

一周后统计小麦愈伤组织诱导率。

【思考题】

哪些因素影响愈伤组织的形成？

【附录】

（1）2,4-D：称取 0.1g 2,4-D 粉末，先溶于少许 1mol/L 的 NaOH 溶液中，加蒸馏水定容至 1mg/mL。

（2）愈伤诱导用培养基：MS 培养基，3mg/L 2,4-D，蔗糖 30g/L，琼脂 8g/L，pH 5.8。

实验 3.3　根癌农杆菌介导的烟草叶盘法遗传转化

【实验目的】

1. 掌握叶盘法遗传转化烟草的基本实验过程。
2. 了解利用烟草转化技术进行基因功能验证的技术手段。

【实验原理】

植物遗传转化是基因功能验证研究中获取转基因材料的必要技术手段，它是由农杆菌介导完成的。根癌农杆菌（*Agrobacterium tumefaciens*）是一种革兰氏阴性菌，能够感染植物的受伤部位，使之产生冠瘿瘤（crown tumour）。农杆菌之所以能够介导植物转化是因为其体内天然含有一种大小为 200kb 的环形 Ti 质粒（tumor-inducing plasmid）。外源基因的上下游分别连接合适的启动子和终止子，然后将连接好的序列插入到非致瘤性 Ti 质粒的 T-DNA 区内，使 T-DNA 末端重复序列保持完整，这样外源基因就会随着 T-DNA 区一起整合到植物染色体中。

烟草是最早用于遗传转化的模式植物，本实验利用大叶烟草叶盘法，首先对烟草叶片进行剪切造成伤口，使得携带目的基因的农杆菌能够顺利侵染烟草叶片并将外源基因整合到烟草基因组中，从而获得转基因材料，用于后续基因功能验证。

【材料、试剂和器具】

1. 材料　苗龄约为 2 个月的大叶烟草，根癌农杆菌 LBA4404 菌株（含缺失 T-DNA 区的 Ti 质粒，该质粒具有 Rif^r、Str^r），植物双元表达载体 pBI121（Kan^r，数字资源 3.3.1）。

2. 试剂　20mmol/L CaCl$_2$，链霉素母液（Strep，100mg/mL），利福平母液（Rif，100mg/mL），卡那霉素母液（Kan，100mg/mL），500mg/mL 头孢菌素，6-BA 母液（2mg/mL），NAA 母液（1mg/mL），MS 固体培养基，1/2 MS 液体培养基，T1 培养基（共培养培养基），T2 培养基（筛选培养基），T3 培养基（生根培养基），YEB 液体培养基，营养土和蛭石（1:1）等。

3. 器具　超净工作台，可移动紫外灯，摇床，恒温培养室，高压灭菌锅，冰箱，培养瓶，培养皿，剪子，镊子，解剖刀，消毒器，酒精棉球，酒精喷壶，记号笔，标签纸，保鲜膜等。

【实验步骤】

1. 根癌农杆菌菌株 LBA4404 感受态细胞的制备

（1）将菌株 LBA4404 接种于 5~10mL YEB 液体培养基中（Str 100μg/mL，Rif 50μg/mL），28℃，振荡过夜。

（2）取 1mL 活化的菌液接种于 50mL 含有抗生素的 YEB 液体培养基中，同样条件下培养至 OD_{600} 为 0.6~0.8。

（3）将菌液冰浴 30min 后，转至 50mL 的离心管中。4℃下以 5000r/min 离心 10min，收集菌体。

（4）弃上清液，用 1mL 20mmol/L 的冰预冷 $CaCl_2$ 重悬沉淀。

（5）按每管 200μL 分装，可立即使用。若感受态细胞暂时不用可加入灭菌甘油至 15%~30%（V/V），混匀，液氮速冻后于 -80℃ 保存。

2. 冻融法转化农杆菌 LBA4404

（1）取 0.5~1μg 载体 DNA 加到 200μL 的感受态细胞中，轻轻混匀，冰浴 30min。

（2）液氮中速冻 5min，37℃水浴 3min，再迅速冰浴 2min。

（3）加入 800μL YEB 液体培养基，28℃轻摇 4~6h。

（4）取 50~200μL 菌液涂布于 YEB（Strep 50μg/mL，Rif 50μg/mL，Kan 50μg/mL）选择平板上，28℃倒置培养 2d。若转化率低可离心收集后，弃去一部分培养基后重悬，全部涂板。

3. 农杆菌转化株的鉴定

鉴定转化株一般采用 PCR 法，操作如下：挑取单菌落于 1mL 带抗生素的 YEB 液体培养基中（Strep 100μg/mL，Rif 50μg/mL，Kan 50μg/mL），28℃振荡培养过夜，煮沸法少量快速提取质粒 DNA，20μL 体系进行 PCR 反应，能够扩增出特异目的片段的克隆就是已转入载体的农杆菌。

4. 叶盘法转化烟草

（1）农杆菌的培养：接种阳性转化单菌落于 2mL YEB（Rif 50μg/mL，Kan 50μg/mL，Str 50μg/mL）液体培养基中，28℃培养 1~2d，再转接入 40mL YEB 液体培养基中，28℃继续培养至 OD_{600} 约为 0.5，5000r/min 离心 10min，菌体用 40mL 1/2 MS 重新悬浮。

（2）烟草叶片的无菌处理：打开超净工作台风机和紫外照射 15~20min，再用 75%乙醇喷雾消毒双手及其他器皿。选取健康烟草叶片于培养皿中，首先用 20mL 75%乙醇消毒 1min，无菌水冲洗一次，再用 2% NaClO 消毒 10min，其间用无菌镊子轻轻晃动 3 次，倒掉消毒液，用无菌水冲洗 3~4 次直至 NaClO 味道消失。

（3）农杆菌侵染烟草叶盘（共培养）：将无菌烟草叶片剪成若干拇指盖大小（约 1cm²）的叶盘，剔去主脉，将叶盘倒入农杆菌重悬液中侵染 8~10min，其间不断摇晃使得叶盘充分接触农杆菌。侵染结束后，用滤纸吸干叶盘表面水分，正面向上接种在共培养 MS 培养基中，每瓶接种 6 片，用镊子轻轻镇压叶片，使之与培养基充分接触，用封口膜封口，写好标签（班级、姓名、日期等），放在 25℃烟草培养室中培养（此处用未侵染烟草叶片做负对照）。

（4）继代培养：取出培养的叶盘，先用无菌水清洗表面菌体，然后分别用含有 1000μg/mL 和 500μg/mL 两种浓度的头孢菌素清洗一次，再用无菌水清洗三次，将叶盘捞出后用滤纸吸干水分，移入 T1 培养基中。光照下培养 8~10d 后即可看到叶盘周围有愈伤组织出现，之后分化出小芽。培养 3 周后，可将小芽切下移入 T2 培养基；在 T2 培养基中生长 1 周后，可将芽切下移入 T3 培养基。

（5）生根培养：在 T3 培养基生长 1 周后，可将大芽切下移入生根培养基（愈伤组织要切除干净），写好标签（班级、姓名、日期等）。移入生根培养基 1 周后，可看到大芽生根。

（6）炼苗及移栽：将含有生根烟草的培养瓶移出培养室，培养基表面覆盖一层灭菌水，室内条件下炼苗 2d。小心取出烟草苗，不要损伤根，如果根上黏附过多培养基也不用过分洗去。栽入灭过菌的营养土和蛭石（1∶1）中，浇水，覆盖保鲜膜（防止过度蒸腾，留小孔透气），放置 1 周，待小苗健壮后，移入培养室，16h 光照/8h 黑暗培养。

（7）转基因烟草的 PCR 鉴定：对移栽的烟草提取总基因组 DNA，用基因特异引物或 NptⅡ基因引物进行 PCR 验证，筛选阳性转基因烟草。

【注意事项】

（1）烟草叶片在侵染液中浸泡时间一般控制在 10min 内，以叶盘边缘充分湿润为宜。浸泡时间太短，农杆菌尚未接触到伤口，在其培养时无农杆菌生长，不能转化；浸泡时间过长，常因农杆菌毒害缺氧而软腐。掌握好浸泡时间，有助于减少后继培养中可能造成的污染，并可减轻细菌对植物细胞的毒害作用。

（2）浸泡后叶片在滤纸上吸干要适度，如果暴露时间太长会造成叶片失水萎蔫，且在共培养时切口面无农杆菌生长。

（3）叶片在培养过程中会膨大而扭曲，使切口边缘不能接触培养基，不利于转化，因此可以把切口边缘压入培养基中。

（4）叶脉的功能细胞常常在深层，农杆菌不易侵入，因此不易转化，特别是主脉，所以在制备叶盘时最好避免叶脉进入。农杆菌要适度增殖，如果共培养时农杆菌增殖生长不良，叶片切口边缘只有很少的农杆菌生长，则转化的概率很小。反之，农杆菌过度增殖，可引起外植体的毒害，致使其褐化死亡。一般以覆盖切口面为适度。

【实验结果】

一个叶盘可以产生很多芽，选择绿色、正常的芽，不选蜡质化的芽。一般而言，只有 10%～20% 的芽可以生根，而长根的小苗中，60%～70% 是阳性转基因的小苗。

在 Kan 抗性培养基中，农杆菌浸染的叶盘长出绿色小芽，而未经侵染的叶盘则发黄、变白直至死去。选择培养基中出现了个别白化苗、嵌合体的现象。由于转化细胞对周围非转化细胞的滋养作用，所以在含 Kan 的选择培养基中非转化细胞能够生活，但是其细胞中 70S 核糖体功能被抑制，光合作用被阻，所以再生的植株叶片呈白化状态，结果产生白化苗和嵌合体。假转化体在继代选择培养的过程中常生长不良而死亡。在转化过程中出现假转化体是不可避免的，其原因可能是：①外植体的再生部位与选择培养基未充分接触，不能起筛选作用；②转化细胞对非转化细胞的滋养作用；③转移 T-DNA 未整合，只是瞬时表达；④生理性抗性植株。

【思考题】

1. 简述转基因烟草的实验方法。
2. 分析白化苗和嵌合体产生的原因。如何减少白化苗和嵌合体的产生？
3. 6-BA、NAA、利福平和卡那霉素、头孢菌素等在本实验的作用是什么？

【附录】

（1）T1 培养基（共培养培养基）：MS 固体培养基，6-BA（1mg/L），NAA（0.1mg/L）。
（2）T2 培养基（筛选培养基）：T1 培养基，Kan（100mg/L），头孢霉素（100mg/L）。
（3）T3 培养基（生根培养基）：MS 固体培养基，Kan（100mg/L），头孢霉素（100mg/L）。

实验 3.4　根癌农杆菌介导的大豆子叶节遗传转化

【实验目的】

1. 掌握利用根癌农杆菌转化法获得转基因大豆的基本原理和实验过程。
2. 了解转基因植株的筛选和鉴定方法。

【实验原理】

根癌农杆菌（*Agrobacterium tumefaciens*）可以用于植物遗传转化，获得外源基因稳定遗传的转化材料。由于根癌农杆菌具有 Ti 质粒，能够引起被感染植物产生冠瘿瘤，将 T-DNA 和其中插入的外源基因转移并且整合到植物基因组内，因此 Ti 质粒可以作为转化载体。Ti 质粒的 T-DNA 区、Vir 区与农杆菌染色体基因相互协作使 T-DNA 区（包括其中插入的外源基因）从农杆菌转入植物细胞。T-DNA 的转移过程至少包括 4 个步骤：①农杆菌积聚；②农杆菌致毒系统的诱导；③T-DNA 转移复合物的形成；④T-DNA 转移并且整合到植物基因组。

大豆（*Glycine max* L. Merr.）是属于豆科蝶形花亚科大豆属的二倍体（$2n=40$）植物，也是重要的农作物。大豆由器官发生途径再生植株所用的外植体一般有真叶、胚轴、子叶、子叶节等，这些外植体在加有一定细胞分裂素和生长素的培养基上能够产生不定芽，并进一步再生完整植株。其中，子叶节是诱导频率最高的外植体。本实验利用大豆成熟胚萌发形成的子叶节为外植体，利用农杆菌侵染子叶节获得遗传转化植株。

【材料、试剂和器具】

1. 材料　大豆成熟种子，带有 pCAMBIA3301 质粒载体的农杆菌菌株 EHA105。
2. 试剂　YEP 液体培养基，YEP 固体培养基，10% NaClO，浓盐酸，无菌水，乙酰丁香酮（AS，200μg/L），卡那霉素（Kan，50mg/L），羧苄青霉素（Cb，50mg/L），利福平（Rif，50mg/L）等。
3. 器具　超净工作台，摇床，恒温培养室，高压灭菌锅，冰箱，培养瓶，培养皿，500mL 三角瓶，50mL 和 500mL 烧杯，酒精灯，枪状镊，手术刀，干燥坛，滤纸等。

【实验步骤】

1. 大豆成熟种子的无菌处理　选取种皮表面干净光滑、没有斑点、没有裂痕的大豆成熟种子 100 粒，置于培养皿内，在 30℃的恒温干燥箱内烘干 2~3h 后，放入干燥坛内。在干燥坛内放置一个 200mL 的小烧杯，小心倒入 100mL 10% NaClO 和 5mL 的浓盐酸并混合后，迅速密闭容器，消毒 18~24h。在超净台内将已消毒的大豆种子用无菌水浸泡 1~2min，去掉种皮破裂的种子，接种于预培养培养基中。培养条件为：25~28℃，光照 16h，培养 5~7d。

2. 子叶节外植体制备　取出培养 5~7d 的大豆成熟种子，剥去种皮，将大豆从中间切开，子叶节留 2~3mm，用解剖刀将中间的真叶去除干净，并在子叶节基部划伤，待侵染。

3. 带有外源基因的农杆菌培养　　将储藏于-70℃的农杆菌在 YEP 培养基中活化直至长出单克隆菌落，挑取单克隆菌落在 YEP 液体培养基（Kan 50mg/L，Rif 50mg/L，Cb 50mg/L）中 28℃摇至 OD_{600} 为 1.0~1.5。6000r/min 离心收集菌体，用农杆菌侵染液重悬菌体至 OD_{600} 为 0.5~0.9。

4. 共培养　　将子叶节外植体放入侵染液中，用超声波分别处理 0s、10s、20s 和 30s，静置侵染 30min，取出子叶节放置于滤纸上吸干，将子叶节倾斜插入培养基，每瓶接种 3~5 个，黑暗条件下共培养基中 3~7d。

5. 抗性筛选　　共培养 3~7d 后，转入筛选培养基进行分化培养，10d 继代一次，并观察每个外植体的丛生芽数和分化率（分化率=再生丛生芽的子叶节数/接种子叶节总数）。待丛生芽长到 3~4cm 时，转移到生根培养基中，待苗生根后转移到温室中进行培养，获得遗传转化植株。对抗生素筛选阳性植株，进一步利用 PCR、DNA 印迹法（Southern blotting）等技术进行鉴定。

【实验结果】

统计不同浓度和时间条件下超声波处理对子叶节出芽的影响。

【思考题】

1. 影响农杆菌介导的大豆子叶节转化效率的因素有哪些？如何避免转化材料的污染？
2. 卡那霉素、羧苄青霉素在培养过程中各起什么作用？步骤 3 中如果不加入卡那霉素会影响结果吗？为什么？

【附录】

（1）农杆菌侵染液：1/2 MS 培养基，200μg/L AS，3mg/L 6-BA，20g/L 蔗糖，pH 5.6。
（2）共培养培养基：1/2 MS 培养基，200μg/L AS，3mg/L 6-BA，20g/L 蔗糖，7g/L 琼脂，pH 5.6。

实验 3.5　发根农杆菌介导的大豆毛状根转化

【实验目的】

1. 掌握发根农杆菌介导的大豆毛状根转化方法。
2. 了解毛状根的用途。

【实验原理】

大豆遗传转化技术的方法主要有根癌农杆菌介导的遗传转化法和发根农杆菌（*Agrobacterium rhizogenes*）介导的毛状根转化法。根癌农杆菌具有 Ti 质粒，能够介导外源基因的稳定遗传转化，但其遗传转化效率低，筛选转化体困难。发根农杆菌具有 Ri 质粒，能引起被感染植物产生毛状根（hairy root），是一种快速获得转基因嵌合体植株的方法，在大豆与根瘤菌间的共生固氮、大豆根部基因特异表达及外源基因亚细胞定位等研究中广泛应用。目前，在大豆毛状根转化过程中常用的农杆菌菌株为 K599，转化受体为大豆子叶。

【材料、试剂和器具】

1. 材料　　成熟的大豆种子，带有 pCAMBIA3301 质粒载体的发根农杆菌菌株 K599。

2. 试剂　　预培养培养基，YEP 液体培养基，YEP 固体培养基，10% NaClO，浓盐酸，乙酰丁香酮（AS，200μg/L），卡那霉素（Kan，50mg/L），链霉素（Str，50mg/L），草铵膦除草剂（10% Basta 溶液）等。

3. 器具　　涂布器，超净工作台，摇床，恒温培养室，高压灭菌锅，冰箱，培养瓶，培养皿，500mL 三角瓶，50mL 离心管，500mL 烧杯，酒精灯，枪状镊，手术刀，干燥坛等。

【实验步骤】

（1）大豆成熟种子的无菌处理：选取种皮表面干净光滑、没有斑点、没有裂痕的大豆成熟种子 100 粒，置于培养皿内，在 30℃ 的恒温干燥箱内烘干 2~3h 后，放入干燥坛内。在干燥坛内放置一个 200mL 的小烧杯，小心倒入 100mL 10% NaClO 和 5mL 的浓盐酸并混合后，迅速密闭容器，消毒 18~24h。在超净台内将已消毒的大豆种子用无菌水浸泡 1~2min，去掉种皮破裂的种子，接种于预培养培养基中培养。培养条件为：25~28℃，光照 16h，培养 7~10d。

（2）将携有目的载体的发根农杆菌 K599 菌液涂布在 YEP 固体培养基（Kan，50mg/L）上，28℃下黑暗培养 2d。挑取单克隆至含上述抗生素的 YEP 液体培养基中，28℃下以 250r/min 摇培过夜。

（3）当 OD_{600} 达到 1.0~1.2 时，转入无菌的 50mL 离心管中，3500r/min 离心 10min，收获 K599 菌株侵染液。

（4）在超净台上去掉封口膜，取出发芽的种子放在无菌的培养皿上，用解剖刀切除胚轴（包括下胚轴和子叶节），并用刀片在子叶切口处轻轻划伤。

（5）将划伤后的外植体放入含有侵染液的三角瓶中，侵染 30min。

（6）将子叶取出，接种到放有一层滤纸的固体共培养培养基中，平面朝下，暗培养 5d。

（7）将子叶转移到液体生根培养基中进行清洗，用滤纸吸收掉子叶表面多余水分，然后接种于固体生根培养基中。每个培养皿放置 4~6 个外植体，用封口膜封闭培养皿，进行暗培养，第 3 周进行生根率统计。

【实验结果】

统计接种材料的生根率（生根率=生根的外植体数目/接种外植体总数）。

【思考题】

发根农杆菌转化可以应用于哪些方面的研究？

【附录】

本实验所用药品的配制参见数字资源 3.5.1。

实验 3.6 基因组 DNA 的提取

【实验目的】

掌握动、植物组织基因组 DNA 提取方法和原理。

【实验原理】

DNA 是真核生物的重要遗传物质，在 DNA 提取过程中需要将其他生物大分子（如蛋白质、多糖和脂类）的污染程度降低到最低，同时尽量保证 DNA 分子结构的完整性，如有必要还需要去除 RNA 的污染。

蛋白酶 K 是一种强力蛋白溶解酶，具有很高的比活性。在 DNA 提取中，蛋白酶 K 的主要作用是酶解与核酸结合的组蛋白，使 DNA 游离在溶液中。蛋白酶 K 还具有较高的活力及稳定性，EDTA 等螯合剂或十二烷基硫酸钠（sodium dodecylsulfate，SDS）等去垢剂均不能使之失活。DNA 提取液中的 SDS 是一种阴离子去垢剂，可与蛋白质和多糖等大分子结合成复合物，破坏细胞膜结构，释放出核酸，在高温条件下可加速这一进程的发生。在提高盐浓度并降低温度的条件下，SDS-蛋白质复合物的溶解度会变得更小，从而更有利于蛋白质及多糖等杂质沉淀完全，通过离心去除沉淀，保留 DNA 于上清液中。DNA 是水溶性大分子，在 DNA 的粗提液中仍含有水溶性蛋白质的污染，通过酚：氯仿抽提可以有效地去除这些蛋白质。如果蛋白质含量超过了其饱和度，需要进行多次反复抽提去除，且每次的抽提均会导致一定量核酸的损失。DNase 活性依赖于二价金属离子的存在，利用乙二胺四乙酸二钠（Na$_2$EDTA）螯合溶液中的金属离子，从而达到抑制 DNase 活性、防止 DNA 被降解的作用。最后通过乙醇或异丙醇沉淀基因组 DNA。

【材料、试剂和器具】

1. 材料 新鲜的动、植物材料或-80℃冻存的组织材料。

2. 试剂 动物基因组提取缓冲液，SDS 提取缓冲液，蛋白酶 K，酚：氯仿：异戊醇（25：24：1），氯仿：异戊醇（24：1），无水乙醇，异丙醇，70%乙醇，10mg/mL RNaseA，β-巯基乙醇等。

3. 器具 1.5mL EP 管，水浴锅，离心机，通风橱等。

【实验步骤】

1. 动物基因组 DNA 的提取

（1）取 0.1～0.2g 冻存/新鲜动物组织，用剪刀剪碎，放入 1.5mL EP 管中。

（2）加入 600μL 动物基因组提取缓冲液，振荡混匀。

（3）加入 20μL 20mg/mL 蛋白酶 K，颠倒混匀，55℃水浴过夜。

（4）加入等体积酚：氯仿：异戊醇（25：24：1）抽提蛋白质，将混合液充分混匀，12 000r/min 离心 10min，取上清液（务必注意不能吸到中间蛋白质层）。

（5）吸取的上清液可重复第 4 步操作 1 次（再次纯化）。

（6）将上清液转移至新的离心管中，加入预冷的 2 倍体积无水乙醇或等体积异丙醇，充分混匀。

（7）-20℃放置10min。

（8）12 000r/min离心10min，收集沉淀，弃上清液。

（9）用200μL 70%乙醇洗涤DNA沉淀，风干。

（10）根据获得样品沉淀量，加入适量的TE或去离子水（含RNA酶）溶解沉淀，待完全溶解后，-20℃保存。

2. SDS法提取植物基因组DNA

（1）取大小约为0.5cm×0.5cm的幼嫩叶片材料，置于1.5mL微量离心管中，加入300μL提取缓冲液。

（2）将无菌塑料研磨杵置于离心管底部，沿顺时针方向将叶片碾碎，以提取缓冲液中看不到组织块为宜。将离心管用涡旋振荡器振荡10s，将破碎的组织与SDS提取液完全混匀。

（3）室温下以14 000r/min离心10min。

（4）将上清液转移到新的离心管中，并加入等体积的异丙醇，上下颠倒混匀。然后室温静置30min。

（5）重复步骤（3）一次。

（6）将上清液尽量全部去除，在通风橱中将沉淀吹干。

（7）向含有DNA沉淀的离心管加入50μL含有RNaseA的ddH$_2$O，将沉淀充分溶解。

（8）室温静置20min，用以消化沉淀中可能含有的部分RNA。

（9）琼脂糖凝胶电泳（0.8%）检测完整性，或有目的性地进行PCR检测。

【思考题】

1. 动物基因组DNA提取过程中蛋白酶K的作用是什么？
2. 如何减少基因组DNA的降解？
3. 低温与核酸沉淀的关系是什么？
4. 简述TE对DNA溶液稳定性的影响。

【附录】

（1）动物基因组提取缓冲液：20mL 1mol/L Tris-HCl（pH 8.0），5mL 500mmol/L EDTA（pH 8.0），20mL 5mol/L NaCl，10mL 10% SDS，加蒸馏水定容至100mL。

（2）SDS提取缓冲液：200mmol/L Tris-HCl（pH 7.5），25mmol/L EDTA（pH 7.5），250mmol/L NaCl，0.5% SDS。

（3）电泳仪的操作与使用视频参见数字资源3.6.1。

资源3.6.1

实验3.7　植物组织总RNA的提取

【实验目的】

掌握植物组织总RNA的制备方法及原理。

【实验原理】

RNA是基因表达的产物，也是分子生物学的重要研究对象之一。提取纯度高、完整性好的RNA分子是RT-PCR、Northern blotting、纯化mRNA、合成cDNA和体外翻译等后续实验成功的保证。因此 RNA 的提取和分析就显得非常重要。

针对不同的组织材料，提取 RNA 的方法有很多种，如 Trizol 法、热酚法、LiCl 沉淀法、异硫氰酸胍（guanidinium isothiocyanate，GITC）法等。其中 Trizol 法是最常用的 RNA 提取方法，效果佳。

Trizol 试剂中的主要成分为异硫氰酸胍和苯酚。异硫氰酸胍为强烈的蛋白质变性剂，能迅速溶解蛋白质，导致细胞结构破坏，使总 RNA 从细胞中释放出来；同时使内源性 RNase 变性失活，防止 RNA 被降解。苯酚促使 RNA 与蛋白质分离，并将 RNA 释放到溶液中。

目前纯化分离核酸的方法有两种。①一种是使用核酸吸附膜（即硅胶膜）分离核酸。在高盐和低 pH 条件下，核酸可以吸附到硅胶膜上，而多糖和蛋白质杂质不被吸附，然后再用低盐的 RNase-free H_2O 将纯净 RNA 从硅基质膜上洗脱。②另一种是传统的 Trizol-氯仿法。当 RNA 从细胞中释放出来后，加入氯仿抽提溶液中的酸性苯酚，而酸性苯酚可促使 RNA 进入水相，离心后可形成水相层和有机层，这样 RNA 与仍留在有机相中的蛋白质分离开，再使用异丙醇沉淀水相中的 RNA，经乙醇洗涤沉淀中残留的有机溶剂后，自然晾干，溶解于 RNase-free H_2O 中。

【材料、试剂和器具】

1. 材料　　植物叶或根。

2. 试剂　　Trizol 试剂（含苯酚、异硫氰酸胍和溶解剂等），液氮，无水乙醇，75%乙醇，β-巯基乙醇，RNA 提取试剂盒，0.1% DEPC，0.1% DEPC-H_2O 等。

3. 器具　　NanoDrop 分光光度计，水浴锅，低温高速离心机，制冰机，超净工作台，2mL 离心管，移液器等。

【实验步骤】

1. 硅胶膜试剂盒法提取植物总 RNA

（1）液氮中研磨新鲜或-80℃冷冻的材料至细粉。

（2）转移 100～200mg 细粉至 2mL 离心管中，加入 1mL 配制好的 65℃裂解液 CLB（已加入 β-巯基乙醇）。立即剧烈涡旋 30～60s（机械剪切 DNA，降低黏稠度和提高产量）。

（3）65℃水浴 10min，中间颠倒 12 次帮助裂解。

（4）13 000r/min 离心 10min，沉淀不能裂解的碎片。

（5）转移上清液至一个新离心管中，加入 1/2 体积的无水乙醇（此时可能出现沉淀，但是不影响提取过程）并立即混匀，静置 1min。

（6）将 700μL 混合物加入一个基因组清除柱中，13 000r/min 离心 2min，弃废液（RNA 已吸附在滤膜上），重复该步骤至混合液全部离心，使 RNA 全部吸附在滤膜上。

（7）在基因组清除柱内加 500μL 裂解液 RLT Plus，13 000r/min 离心 30s，收集滤液（RNA 在滤液中）。

（8）用微量移液器较精确估计滤过液体积（通常为 450～500μL），加入 0.5 倍体积的无水乙醇（此时可能出现沉淀，但是不影响提取过程），立即吹打混匀。

（9）将混合物（每次小于 700μL，可离心后再次加入）加入一个吸附柱 RA 中（吸附柱放入收集管中），13 000r/min 离心 2min，弃废液。

（10）加 700μL 去蛋白质液 RW1，室温放置 1min，13 000r/min 离心 30s，弃废液。

（11）加入 500μL 已加入无水乙醇的漂洗液 RW，13 000r/min 离心 30s，弃废液。加入

500μL 漂洗液 RW，重复一遍。

（12）将吸附柱 RA 放回空收集管中，13 000r/min 离心 2min（尽量除去漂洗液，以免漂洗液中残留乙醇抑制下游反应）。

（13）取出吸附柱 RA，放入一个新的 RNase-free 离心管中，在吸附膜的中间部位加 30～50μL 70℃ RNase-free H$_2$O，室温放置 1min，12 000r/min 离心 1min。

（14）使用分光光度计检测并记录核酸纯度和浓度。

（15）选择 A_{260}/A_{280}≈2.0 且 RNA 浓度高的样品，-20℃保存备用。

2. Trizol-氯仿法提取植物总 RNA

（1）将组织在液氮中磨成粉末后，按照每 50～100mg 粉末加入 1mL Trizol 试剂的比例加入 Trizol，注意样品总体积不能超过所用 Trizol 体积的 10%。

（2）研磨液于冰上放置 10min，然后加入氯仿（每毫升 Trizol 液加入 0.2mL 氯仿），盖紧离心管，剧烈振荡 15s。

（3）4℃下以 12 000r/min 离心 10min，取上层水相于一新的 2mL 离心管，加入 0.5 倍体积的异丙醇，-20℃沉淀 30min。4℃下以 12 000r/min 离心 10min。

（4）弃去上清液，加入 1mL 75%乙醇，4℃下以 12 000r/min 离心 5min。

（5）小心弃去上清液，室温或真空干燥 5～10min，注意不要过分干燥，否则会降低 RNA 的溶解度。

（6）将 RNA 溶于 RNase-free ddH$_2$O 中，必要时可于 55～60℃助溶 10min。-70℃保存（或贮存于 70%乙醇中）。

【注意事项】

抑制外源 RNase 是成功提取 RNA 分子的关键。采用以下措施可以极大程度减少外源 RNase 的污染。

（1）配制的试剂，用 0.1% DEPC 处理 5h 以上，然后高压灭菌除去残留的 DEPC，否则残留的 DEPC 能和腺嘌呤作用而破坏 mRNA 活性。DEPC 能与胺和巯基反应，因而含 Tris 和 DTT 的试剂不能用 DEPC 处理。

（2）操作时戴上一次性手套和口罩。

（3）提取最好在超净台中进行，操作过程中尽量用镊子辅助操作。

（4）试管和吸头用 0.1% DEPC-H$_2$O 浸泡，甩干后，灭菌 30min，烘干备用。

（5）所用的不锈钢、玻璃器皿在 200℃烘烤至少 2h。

（6）使用 RNase-free 的塑料制品和移液器吸头，避免交叉污染。

（7）及时正确更换手套和移液器吸头，避免交叉污染。

（8）未特殊说明药品和样品放置于冰上，以防降解或降低活性。

【思考题】

1. 简述实验中所有使用试剂的作用。
2. 真核生物的总 RNA 提纯后，可以继续做哪些工作？

【附录】

冷冻型高通量组织研磨器的操作与使用视频参见数字资源 3.7.1。

实验 3.8　核酸浓度和纯度检测

【实验目的】

1. 掌握微量核酸检测仪（紫外分析仪）的使用。
2. 掌握琼脂糖凝胶电泳检测法。

【实验原理】

组成核酸分子的碱基，均具有一定的吸收紫外线特性，最大吸收值的波长为 250～270nm。腺嘌呤的最大紫外线吸收峰在 260.5nm，鸟嘌呤在 276nm，胞嘧啶在 267nm，胸腺嘧啶在 264.5nm，尿嘧啶在 259nm。这些碱基形成核苷酸后，最大吸收峰不会改变，但形成的核酸分子最大吸收波长在 260nm，这个物理特性为测定核酸溶液浓度提供了基础。紫外分光光度法不但能确定核酸的浓度，还可以通过测定在 260nm 和 280nm 下吸收的比值（A_{260}/A_{280}）检测其纯度。另外，A_{260}/A_{230} 的比值可用来检测盐或碳水化合物（糖）的污染。纯 DNA 的比值为 1.8，纯 RNA 的比值为 2.0，若有酚和蛋白的污染则会导致比值降低。若 DNA 溶液比值高于 1.8，说明溶液中 RNA 尚未除尽，当然，也会出现既含蛋白质又含 RNA 的 DNA 溶液比值为 1.8 的情况，所以有必要结合凝胶电泳等方法鉴定 DNA 的完整度和 RNA 污染情况。同样，RNA 溶液中基因组 DNA 的污染及 RNA 的完备性的检测，也可以通过凝胶电泳来检测。

琼脂糖凝胶电泳是根据核酸分子的大小、构型进行分离的技术。带有负电荷的核酸，依靠稳定的介质（琼脂糖凝胶）和缓冲液活性，在电场中以一定的迁移率从负极移向正极。核酸本身并不产生荧光，但在核酸荧光染料嵌入碱基平面之间后，核酸样品在紫外线照射激发下可以发出荧光，其荧光强度与核酸含量成正比。完整性较好的基因组 DNA，电泳主带清晰，泳道内无弥散。RNA 的完整性也可以通过琼脂糖凝胶电泳或甲醛变性琼脂糖凝胶电泳分析检测，由于总 RNA 分子中核糖体 RNA 分子占比较高，因此可以根据高等真核生物 28S rRNA 和 18S rRNA 特征条带的有无及两者的比例关系（28S rRNA：18S rRNA≈2：1）判断。

【材料、试剂和器具】

1. 材料　基因组 DNA 样品，总 RNA。

2. 试剂　核酸上样缓冲液（loading buffer），5×TBE 电泳缓冲液，10×TAE 电泳缓冲液，5×甲醛电泳缓冲液，RNA 加样运载缓冲液，甲醛，甲酰胺，DEPC-H_2O，琼脂糖，核酸染料（GoldView）等。

3. 器具　微量紫外分析仪，电泳仪，电泳槽，微波炉，电泳装置等。

【实验步骤】

1. 微量紫外分析仪（微量核酸检测仪）检测法

（1）开机后，选择双链核酸（或单链 RNA）进入程序。
（2）用溶液样品的缓冲液做空白对照。
（3）抬起样品臂，用微量移液器取 1μL 提取样品，加到检测基座上进行检测。
（4）记录检测结果。

2. 琼脂糖凝胶电泳检测

（1）电泳缓冲液制备：将 5×TBE（检测 RNA 使用）或 10×TAE（检测 DNA 使用）稀释

至工作浓度 0.5×TBE 或 1×TAE。

（2）凝胶制备：在锥形瓶内，配制适量浓度为 1%的琼脂糖凝胶，微波炉加热（加热过程中不时摇动）至完全溶解。根据使用说明加入适量的核酸染料（GoldView），摇匀。

（3）胶板的制备：倒入水平制胶器内，待胶完全凝固后，垂直向上拔出梳子，将其完全浸没于电泳缓冲液内。

（4）样品处理：取 2μL 提取 DNA 样品，与电泳上样缓冲液混匀，混合样终浓度为 1×。将对照标准 DNA（100ng λDNA）也进行相应处理。

（5）上样：将处理样品加入点样孔内。

（6）电泳：120 V 恒压电泳，至溴酚蓝跑至凝胶约 2/3 处时，停止电泳。

（7）检测结果：使用凝胶成像仪，在紫外光下检测电泳结果，并存留凝胶电泳图。

3. RNA 完整性检测——甲醛变性电泳

（1）甲醛变性的琼脂糖凝胶的配制：在 250mL 的锥形瓶中准确称量 2g 琼脂糖，再加 20mL 10×TAE 缓冲液、144mL DEPC 处理过的双蒸水，微波炉中化胶，待冷却至 50～60℃，加 EB 至终浓度≤0.5μg/mL。在通风橱中加入 36mL 甲醛，放置一段时间以减少甲醛蒸汽。

（2）样品制备：10μg 总 RNA，4μL 5×甲醛凝胶电泳缓冲液，3.5μL 甲醛，10μL 甲酰胺。加入无菌离心管中混合，95℃水浴变性 2min（或 55℃，15min），取出后放入冰中冷却。

（3）加入 2μL 无菌的经 DEPC 处理的加样运载液。

（4）将胶板浸没在 1×甲醛凝胶电泳缓冲液中，点样前 5V/cm 预跑 5min。点样后 3～4V/cm 电泳。

（5）电泳结束后（溴苯酚蓝迁移到约 2/3 处），使用凝胶成像仪存留电泳结果图。

【注意事项】

（1）如果 DNA 沉淀呈白色透明状且溶解后呈黏稠状，说明 DNA 含有较多的多糖类物质，可以在取材前将植物放暗处 24h，以达到去除淀粉的目的。

（2）植物材料含有大量酚类化合物，与 DNA 共价结合，使 DNA 呈棕色，并抑制 DNA 的酶解反应，因此难以用限制性内切酶完全消化。为防止此情况出现，可在 DNA 提取液中加入 2%～5%的巯基乙醇，或者加入亚精胺（100μL DNA 加 5μL 0.1mol/L 的亚精胺）。

（3）如果 DNA 中含有多糖或盐类，可将 DNA 用 100%乙醇或异丙醇沉淀出来，离心，沉淀用 70%乙醇清洗两次或更多次，吹干后重溶于 TE 中（注意乙醇一定要吹干，否则电泳点样时，样品上漂）。

（4）DNA 电泳条带呈弥散状说明 DNA 已降解。样品降解可能有两种情况：一是机械振动过于剧烈，二是操作过程中出现 DNase 污染。在提取 DNA 的各个操作过程中要避免剧烈振荡，提取液及用品要高温高压灭菌。另外，使用吸头吸取过程中应避免产生气泡，吸头应剪去尖部，避免反复冻融 DNA。

【实验结果】

（1）根据微量紫外分析仪的结果记录，提取 DNA 样品的纯度应在 1.6～1.9，若小于 1.6 表明有蛋白质或酚的污染；若大于 1.9 则表明有 RNA 的污染。

（2）对照标准样品，每个泳道都能检测到一条清晰的条带，表明基因组样品完整性较好；若整个泳道弥散，主带不清晰，表明基因组完整性差，需重新提取。若主带清晰，只在泳道前方有弥散说明 RNA 没有去除干净；如果点样孔发亮，且条带拖尾则说明有蛋白质污染，可进行再次纯化后使用（图 3.8.1）。

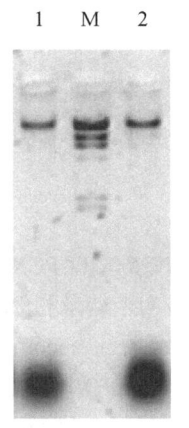

图 3.8.1　烟草基因组 DNA 电泳图谱

M. lDNA/HindⅢ标记；1、2 泳道.基因组 DNA。完整性好的基因组 DNA 应是一条比 23kb 滞后的电泳带，若降解则成为弥散状；电泳前缘为未除干净的 RNA

（3）完整的 RNA 的甲醛电泳可明显地观察到 28S 和 18S 两条带（图 3.8.2），并且 28S 大约是 18S 的 2 倍宽。若两条带不明显，则说明 RNA 部分降解，可能的原因是污染了 RNase，或操作过于剧烈造成 RNA 剪切。

（4）A_{260}/A_{280} 的比值用于分析 RNA 纯度，A_{260}/A_{230} 的比值用于分析去盐的程度。对于 RNA 纯制品，其 $A_{260}/A_{280}≈2.0$，A_{260}/A_{230} 应大于 2.0。$A_{260}/A_{280}<2.0$ 可能是蛋白质污染所致，可以增加酚抽提；$A_{260}/A_{230}<2.0$ 说明去盐不充分，可能是污染所致，可以再次沉淀和使用 70% 乙醇洗涤。

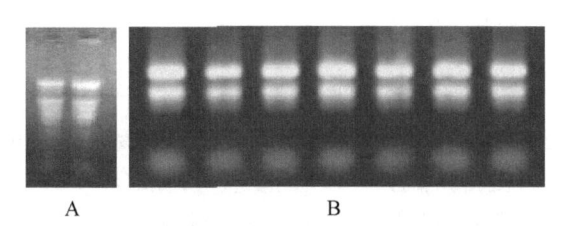

图 3.8.2　RNA 电泳图谱

A.烟草叶片总 RNA 甲醛变性琼脂糖凝胶电泳图谱；B.烟草叶片总 RNA 普通琼脂糖凝胶电泳图谱

【思考题】

1. 简述不同构型的质粒 DNA 分子电泳分离的原理。
2. 如何分析 RNA 的完整性和纯度？
3. 若出现 RNA 降解或纯度不高，应如何解决？

【附录】

（1）5×甲醛电泳缓冲液：0.1mol/L MOPs（pH 7.0），40mmol/L CH_3COONa，5mmol/L DETA（pH 8.0）。

（2）全自动化学发光成像仪的操作与使用视频参见数字资源 3.8.1。

资源 3.8.1

实验 3.9 逆转录 PCR 实验

【实验目的】

掌握逆转录 PCR 的原理及利用该方法鉴定转基因细胞的技术流程。

【实验原理】

逆转录 PCR（reverse transcription PCR，RT-PCR）是由 mRNA 逆转录合成的 cDNA 为模板进行的 PCR 扩增。具体操作上可以分为逆转录和 PCR 扩增共两步。Oligo(dT) 引物、随机引物（random primer）或基因特异引物（gene specific primer）均可以用来作为逆转录合成的引物（表 3.9.1）。由于从总 RNA 纯化分离 mRNA 的过程烦琐且容易降解，因此目前的逆转录模板常用总 RNA。逆转录 PCR 广泛应用于扩增特异性 mRNA 序列、克隆真核生物基因、制备 cDNA 探针或从少量 mRNA 构建 cDNA 文库等研究。

表 3.9.1 逆转录所用引物适用范围

逆转录引物	适用范围
Oligo(dT) 引物或 Oligo(dT)-Adaptor	适用于具有 poly(A)$^+$ 的真核生物 mRNA［原核生物 RNA，真核生物的 rRNA、tRNA，以及某些不具有 poly(A)$^+$ 的 mRNA 不能用］
随机引物（9mer）	适用于长的或具有发卡结构的 RNA 的逆转录
基因特异引物	适用于序列已知的 cDNA 克隆

RT-PCR 也可在转基因细胞中用于鉴定目的基因是否已经转录。首先提取转基因细胞的 RNA，然后利用 Oligo(dT) 引物反转录为 cDNA 第一条链。再以 cDNA 第一条链为模板，采用基因特异引物扩增目的基因。

【材料、试剂和器具】

1. **材料**　植物组织 RNA，Oligo(dT)18，基因特异引物 GSP-F 和 GSP-R。
2. **试剂**　一步法反转录试剂盒，10× 电泳上样缓冲液等。
3. **器具**　PCR 仪，恒温水浴锅，电泳仪，制冰机等。

【实验步骤】

（1）将 RNA 模板、引物、一步法 RT-PCR 缓冲液、SuperRT 一步法 RT-PCR 酶混合物和 RNase-free H$_2$O 溶解并置于冰上备用。

（2）向冰浴中预冷的 RNase-free 反应管中加入下表中试剂（表 3.9.2），至终体积为 25μL。

表 3.9.2 按顺序加入的试剂

试剂	25μL 反应体系	终浓度
2×SuperRT 一步法缓冲液	12.5μL	1×
正向引物（GSP-F）（10μmol/L）	1μL	0.4μmol/L
反向引物（GSP-R）（10μmol/L）	1μL	0.4μmol/L
SuperRT 一步法酶混合物	0.5μL	
RNA 模板	XμL	1pg～1μg
RNase-free H$_2$O	补足至 25μL	

（3）涡旋振荡混匀，短暂离心，将溶液收集到管底。

（4）将热循环仪预热到45℃，将PCR管置于PCR仪中，进行RT-PCR反应。

反应条件：45℃反转录30min，95℃ PCR预变性2min，94℃变性30s、55~65℃退火30s、72℃延伸30s为1个循环，共进行30~40个循环，72℃终延伸5min。

（5）反应结束后取5μL反应产物，加入适量上样缓冲液后进行电泳，检测结果。

【注意事项】

（1）在预期的位置应出现DNA条带，若没有出现，其可能的原因是相应的mRNA拷贝少或没有、逆转录失败、PCR失败等。

（2）由于PCR的敏感度高，所以RNA或mRNA纯度不太高也可以用，但用RNA作为模板应加大量。逆转录之前最好热变性RNA和mRNA，以便露出逆转录引物结合位置。

（3）cDNA第一条链合成以后，不必用RNaseH或碱处理，95℃灭活逆转录酶时使cDNA/RNA杂交分子同时变性，游离的RNA不会对PCR扩增有影响。

（4）如果扩增条带比预计的长，可能是RNA中污染的基因组DNA扩增的结果，而且该基因含有内含子。

（5）为防止污染的基因组DNA被扩增，可以利用基因组DNA和cDNA第一条链结构上的差异来选择PCR扩增条件。基因组DNA为长的双链分子，而逆转录出来的cDNA第一条链为短的单链分子，这样可以省略预变性阶段并采用低温（80~90℃）变性。

【实验结果】

利用RT-PCR鉴定转基因细胞中目的基因是否表达，以正常细胞作为对照（其预期结果不应该出现扩增产物）。因为在提取RNA时不可避免会污染基因组DNA，这些污染的基因组DNA造成结果假阳性，还需要设置以RNA为模板的PCR对照。为了避免这种假阳性结果，通常采用两种方法：①利用RNase-free DNase处理RNA样品，除去污染的基因组DNA；②设计扩增内含子的引物，可以避免污染DNA的扩增。

图3.9.1为含有内含子（单线表示）的基因分析示意图，扩增所用引物为E1-F和E2-R。以总RNA为模板的PCR检测是否存在基因组gDNA污染，gDNA为阳性对照，cDNA模板为正常的RT-PCR。

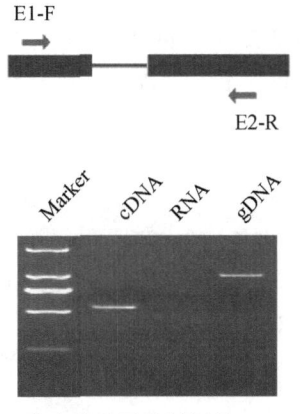

图3.9.1 含有内含子的基因的RT-PCR分析

【思考题】

1. RT-PCR 在基因工程中有哪些应用？
2. 如何验证 RT-PCR 扩增结果是 cDNA 扩增还是污染的基因组 DNA 扩增？

【附录】

热循环仪的操作与使用视频参见数字资源 3.9.1。

实验 3.10　real-time PCR 实验

【实验目的】

1. 掌握反转录技术和原理。
2. 掌握实时聚合酶链反应的技术和原理。

【实验原理】

实时聚合酶链反应（real-time PCR，RT-PCR）是在 PCR 扩增过程中通过荧光信号对 PCR 进程中的产物量进行实时检测的一种技术方法，是一种高效、灵敏且广泛应用的分子生物学技术。由于在 PCR 扩增的指数时期，模板的 C_t 值和该模板的起始拷贝数存在线性关系，这成为 real-time PCR 产物定量的依据。

real-time PCR 主要包括逆转录、PCR 扩增和荧光检测。首先通过逆转录酶的作用，将 RNA 逆转录成相应的 cDNA，然后以逆转录后得到的 cDNA 为 PCR 模板，加入特定的引物和荧光探针（如 SYBR green I 或 TaqMan 探针，参见数字资源 3.10.1），进行有选择性地目的基因扩增。在 PCR 反应过程中，荧光探针与 PCR 产物结合，释放出荧光信号（这个信号的强度与目标序列的起始数量成正比）。利用实时 PCR 仪可以实时监测这些荧光信号的累积，从而获得 PCR 反应的实时扩增曲线。通过分析扩增曲线确定样本中目标分子的起始数量，并进一步比较不同样本之间的相对表达水平。

【材料、试剂和器具】

1. **材料**　　植物组织 RNA，基因特异引物 GSP-F 和 GSP-R。
2. **试剂**　　反转录试剂盒，SYBR real-time PCR 试剂盒等。
3. **器具**　　水浴锅，real-time PCR 仪，制冰机，移液器等。

【实验步骤】

1. cDNA 制备

（1）将 RNA 模板和反转录药品置于冰上备用。

（2）在 PCR 管内于冰上配制反应体系 1：2μL 5×Sprint gDNA Remover Mix，0.01～1μg RNA 模板，加 DEPC-ddH$_2$O 至 10μL。

（3）将反应液轻轻振荡均匀，短暂离心，使管壁上的溶液收集到管底，42℃温育 2min，然后置于冰上冷却。

（4）在冰上继续配制反转录反应体系 2：10μL 步骤（2）的反应液，4μL 5×M5 Sprint RT Mix，加 DEPC-ddH$_2$O 至 20μL。

（5）轻轻混匀，短暂离心，50℃孵育 5min，85℃加热 5s 使酶失活，置于冰上进行后续实验或冷冻保存。

2. real-time PCR

（1）将 real-time PCR 药品置于冰上备用。

（2）按表 3.10.1 配制 real-time PCR 反应体系。

表 3.10.1 real-time PCR 25μL 反应体系

组分名称	25μL 体系
DNA 模板（反转录溶液）	2μL
2×M5 HiPer SYBR Premix EsTaq（含 Tli RNaseH）	12.5μL
引物 1（10μmol/L）	0.5μL
引物 2（10μmol/L）	0.5μL
ddH$_2$O	补足至 25μL

注：使用反转录反应液作为 DNA 模板时的添加量不宜超过总 PCR 反应液总体积的 10%

（3）进行荧光定量 PCR（反应样品体积为 25μL）。三步法 PCR 反应程序：95℃ 30s，30 个循环（95℃ 30s，50℃ 30s，72℃ 15s，荧光检测），60℃ 30s，熔点曲线检测，50℃ 30s，72℃ 15s。

（4）采用 $2^{-\Delta\Delta Ct}$ 法计算目的基因的相对表达量（数字资源 3.10.2）。

【注意事项】

（1）使用 RNase-free 的塑料制品和移液器吸头，避免交叉污染。
（2）及时正确更换手套和移液器吸头，避免交叉污染。
（3）同一药品取用可以不更换移液器吸头。
（4）未特殊说明药品和样品放置于冰上，以防降解或降低活性。

【实验结果】

实验结果参见图 3.10.1 至图 3.10.3。

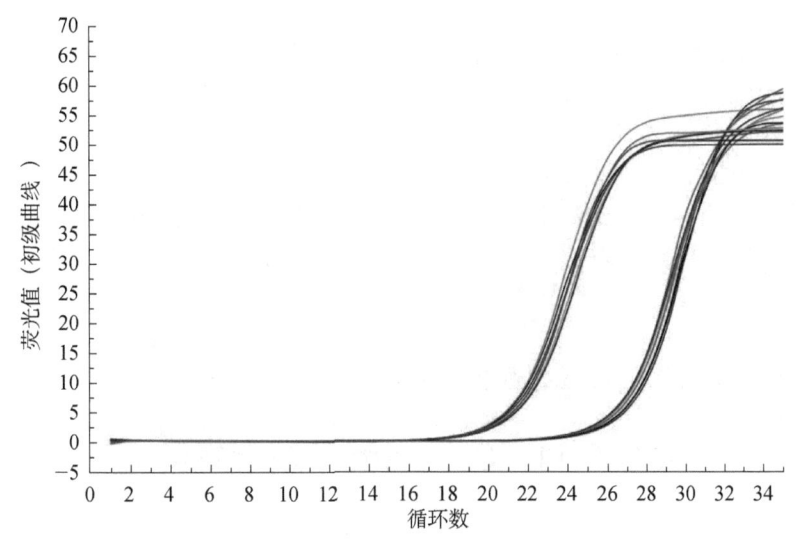

图 3.10.1 目的基因扩增曲线

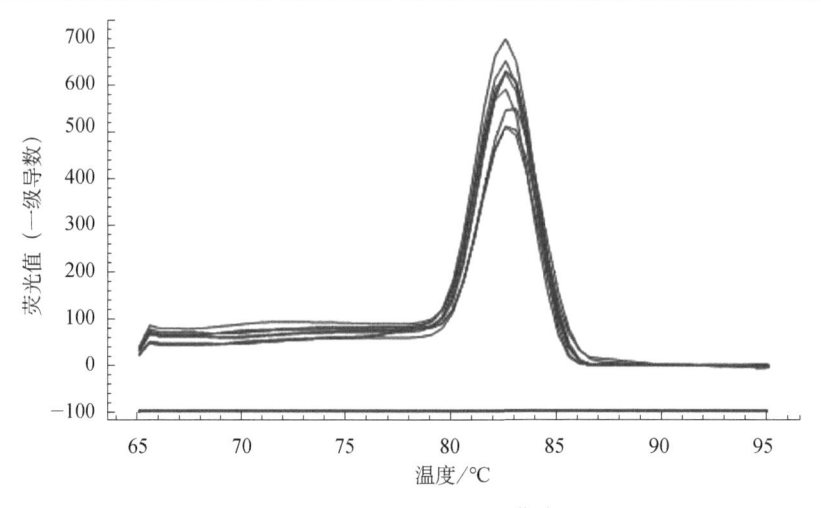

图 3.10.2　目的基因融解曲线

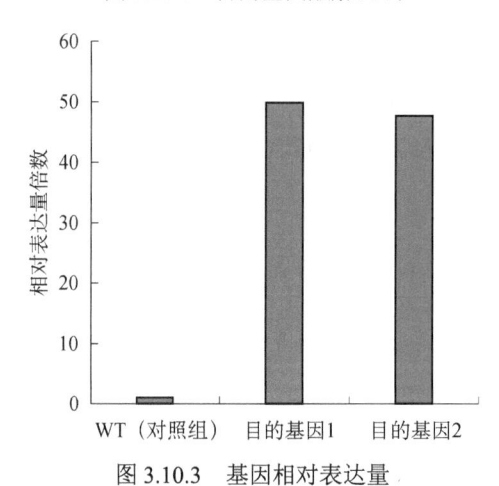

图 3.10.3　基因相对表达量

【思考题】

1. 简述 RNA 提取过程中使用的基因组清除柱的作用原理。

2. 反转录过程中，反应体系 1 中含 DNase，为什么不能降解反应体系 2 中反转录出来的 DNA？

3. 简述 real-time PCR 中 RNaseH 的作用。

4. 如果模板中有基因组 DNA 污染，如何利用技术手段确认是基因组污染造成的假阳性结果，还是目的基因的 PCR 结果？

【附录】

real-time PCR 数据分析视频参见数字资源 3.10.3。

实验 3.11　Southern 印迹杂交实验

【实验目的】

1. 掌握印迹杂交实验的技术原理。

2. 掌握 Southern 印迹杂交的实验操作技术。

【实验原理】

Southern 印迹杂交（数字资源 3.11.1）是在 20 世纪 70 年代由英国科学家 Edwin Mellor Southern 首次提出的一项经典的分子生物学技术，在遗传疾病诊断、DNA 图谱分析、染色体端粒长度分析、基因拷贝数检测等方面得到广泛应用。其原理是基于 DNA 双链的变性和退火，以及杂交探针的标记和显示技术。在固相载体（如尼龙膜）上，变性后的探针 DNA 分子可与具有互补序列的 DNA 片段复性，从而标记其条带的位置。

检测转基因植物中质粒在基因组内的整合数量是 Southern 印迹杂交技术的经典应用场景。本实验以含有地高辛（digoxigenin，DIG）标记 dUTP 的探针检测转基因拟南芥中除草剂抗性基因 *PAT* 拷贝数。与传统同位素探针相比，使用地高辛标记的探针可耐受 3~5 次反复冻融，在 −20℃ 条件下可保存一年，对实验人员和环境也更为友好。

【材料、试剂和器具】

1. 材料 转 *PAT* 基因的拟南芥植株，含有 *PAT* 基因的质粒（可选）。

2. 试剂 杂交试剂盒（DIG high prime DNA labeling and detection starter kit Ⅰ），PCR 法探针 DIG 标记试剂盒（PCR DIG probe synthesis kit），DIG 标记分子量标准（DIG labeled DNA molecular weight marker Ⅱ），琼脂糖凝胶 DNA 回收试剂盒，DNA 上样缓冲液，洗涤缓冲液，马来酸缓冲液，检测缓冲液，TE 缓冲液，封闭缓冲液，TAE 缓冲液，20×SSC 溶液，变性液，中和缓冲液，CTAB 法提取植物基因组 DNA 的相关试剂，超纯水等。

3. 器具 PCR 仪，离心机，电泳仪，垂直电泳槽，水平电泳槽，水浴锅，杂交炉，脱色摇床，EP 管，200μL PCR 管，尖头镊子，抗体孵育盒，尼龙膜（带正电荷，0.45μm 孔径），滤纸，杂交管等。

【实验步骤】

1. 探针制备

（1）设计并合成抗除草剂基因 *PAT* 的特异性引物：BarS，5′-TCAAATCTCGGTGACGGGC-3′；BarX，5′-GCACCATCGTCAACCACTAC-3′。

（2）以携带 *PAT* 基因的质粒为模板，配制探针标记反应体系（表 3.11.1）。

表 3.11.1 探针标记 50μL 反应体系

反应组分	探针标记反应	对照反应
PCR 缓冲液（含 MgCl₂）	5μL	5μL
PCR DIG 探针试剂混合物	5μL	—
dNTP 储备液	—	5μL
BarS（10μmol/L）	5μL	5μL
BarX（10μmol/L）	5μL	5μL
模板质粒	50ng	50ng
酶混合物（Expand™ High Fidelity）	0.75μL	0.75μL
超纯水	补足至 50μL	补足至 50μL

（3）使用移液器吹吸混匀反应体系，置于 PCR 仪中，开始如下反应程序：95℃预变性 2min，95℃变性 30s，56℃退火 30s，72℃延伸 40s，重复 35 个循环，最终延伸 7min。

（4）取 5μL 反应液，采用琼脂糖凝胶电泳法检测探针合成情况。使用 PCR 扩增合成探针长度为 488bp，由于探针标记反应体系中的 PCR DIG 探针试剂混合物组分含有 DIG-dUTP，探针的电泳迁移率会有所下降，成功标记的探针条带与 DNA 标记中 600bp 标准分子量的电泳迁移率相当。合成后的探针可置于-20℃条件下保存一年。

2. 样品准备

（1）转 *PAT* 基因的拟南芥植株。

（2）选择幼嫩的植物组织（如莲座叶），以 CTAB 法提取基因组 DNA。DNA 溶液浓度应控制在 800ng/μL 以上。

（3）取 1μL DNA 溶液电泳检测，确保基因组 DNA 未出现降解。

3. 酶切　　使用限制性内切酶 *Hind*Ⅲ对基因组进行酶切片段化。在 PCR 管中按表 3.11.2 配制反应体系，并吹吸混匀。将反应体系在 37℃条件下静置 2h。

表 3.11.2　酶切 50μL 反应体系

组分	加入量
10×QuickCut 缓冲液	5μL
QuickCut *Hind*Ⅲ	2μL
基因组 DNA	约 10μg
ddH$_2$O	补足至 50μL

4. 电泳　　制备 1%琼脂糖凝胶（TAE 缓冲体系）。在酶切反应产物中加入终浓度为 1× DNA 上样缓冲液，混匀并加至凝胶点样孔中。在相邻泳道中加入适量 DIG 标记分子量标准。在室温条件下，5V 电泳约 10h，当溴酚蓝迁移至凝胶长度的 1/2 时停止电泳。为避免条带边缘模糊，电泳电压不宜过高。

5. 转膜

（1）将凝胶从电泳槽中取出，置于变性液中，在脱色摇床上振荡 15min。

（2）更换新的变性液，继续振荡 15min。

（3）剪取与凝胶大小相同的 1 张尼龙膜和 6 张滤纸，使用 TAE 缓冲液浸润后，在水平电泳槽中按照"负极—海绵—3 张滤纸—凝胶—膜—3 张滤纸—海绵—正极"的顺序组装转膜三明治，注入 TAE 缓冲液，恒流 50mA 转膜 5h。

（4）取出尼龙膜，将接触凝胶的一面标记为正面。膜正面向上置于装有 20mL 中和缓冲液的容器中，置于脱色摇床上振荡 15min。

（5）提前将烘箱预热至 120℃。将膜夹在两张干燥滤纸中，120℃烘烤 30min 以固定 DNA 至膜上。

6. 杂交

（1）准备杂交工作液：在杂交试剂盒的 DIG easy hybgranules 瓶中分两次加入共 64mL 的超纯水，快速搅拌使颗粒充分溶解。如溶解不完全，可将溶液置于 37℃水浴中继续搅拌。

（2）预杂交：将杂交炉预热至 42℃，同时预热杂交工作液。将膜正面向内卷曲，装入杂交管中。在杂交管中加入适量超纯水，转动杂交管使膜润湿，随后立即将水倒出。向杂交管加入 10mL 预热的杂交工作液，将管盖旋紧后置于杂交炉中，42℃旋转杂交 30min。

（3）探针变性：将装有探针的PCR管置于水浴锅或PCR仪中，98℃水浴10min使探针充分变性，随后立即置于冰上静置5min。

（4）杂交：预杂交结束后，将杂交管中的溶液倒出，并重新加入10mL预热的杂交工作液，加入变性后的探针。探针加入杂交溶液中，如直接与膜接触可能导致显色后背景颜色加深。将管盖旋紧后置于杂交炉中，42℃旋转杂交4h至过夜。含有探针的杂交工作液可置于−20℃保存。再次使用前，须68℃预处理10min使探针变性。

（5）杂交后洗膜：提前准备含有0.1% SDS的2×SSC缓冲液和含有0.1% SDS的0.5×SSC缓冲液。将水浴锅预热至65℃，预热0.5×SSC缓冲液。杂交结束后，将膜置于20mL 0.5×SSC缓冲液中，脱色摇床上室温振荡洗膜2次，每次5min。随后将膜置于20mL预热的0.5×SSC缓冲液中，在水浴锅中振荡洗膜2次，每次15min。

7. 抗体孵育

（1）孵育前洗膜：弃废液，加入20mL洗涤缓冲液，室温振荡洗膜5min。

（2）封闭：将2mL杂交试剂盒组分10×blocking solution与18mL马来酸缓冲液混匀，制备20mL封闭缓冲液。将膜正面朝上置于含10mL封闭缓冲液的抗体孵育盒中，室温振荡封闭30min。

（3）抗体孵育：弃废液，重新加入10mL封闭缓冲液，并加入2μL杂交试剂盒中的anti-digoxigenin-AP抗体，室温振荡孵育30min。如杂交信号较弱，可适当延长抗体孵育时间至2h。抗体孵育液可回收，置于−20℃保存。

（4）孵育后洗膜：弃废液，加入100mL洗涤缓冲液，室温振荡洗膜15min，随后重复此步骤1次。

8. 显色

（1）平衡：弃废液，加入20mL检测缓冲液，室温振荡2～5min。

（2）显色：弃废液，将膜置于黑暗条件下。重新加入10mL检测缓冲液和200μL杂交试剂盒组分NBT/BCIP储备液，立即摇晃混匀，在黑暗条件下静置10～30min。每隔5～10min观察显色情况。

（3）终止反应：当膜上出现清晰的条带，并且背景颜色较浅时，弃废液。立即加入100mL超纯水终止反应。将膜从水中取出，置于干燥滤纸上，拍照记录。显色后的膜可在避光、干燥条件下保存约1个月。

【实验结果】

经探针杂交、抗体孵育，与探针序列同源的DNA条带呈深紫色。由于基因组DNA经过限制性内切酶消化，基因组中每个待检测基因可能有不同长度的侧翼序列，因此多个拷贝的条带可以通过电泳分离。可根据酶切后出现的条带数量判断待检测基因的拷贝数。

【思考题】

1. 影响Southern印迹杂交条带强度的因素有哪些？
2. 除用于检测基因拷贝数外，Southern印迹杂交还有哪些用途？
3. 除Southern印迹杂交外，还有哪些技术可用于检测基因拷贝数？

【附录】

本实验所需试剂的配制参见数字资源3.11.2。

实验 3.12　萤光素酶报告基因的检测

【实验目的】

1. 掌握萤光素酶作为报告基因的原理。
2. 学习和了解检测萤光素酶报告基因的方法。

【实验原理】

转录因子是一种能够调控基因表达的蛋白质分子，它们通常与靶启动子上的特异 DNA 序列结合，从而起到对目的基因表达的增强或抑制的调控作用。在研究生物体内各个信号转导途径中，转录因子扮演着重要作用。萤光素酶基因（luciferase gene，*luc*）作为一种报告基因，被广泛用来鉴定转录因子、目的基因启动子中与转录因子结合的 DNA 序列及定量分析基因表达情况。

萤光素酶报告基因系统是以萤光素（luciferin）为底物来检测萤火虫萤光素酶（firefly luciferase）活性的一种报告系统。其原理是萤光素酶可以催化萤光素氧化成氧萤光素（oxyluciferin）。在萤光素氧化的过程中，可以发出被化学发光仪（luminometer）检测到的生物发光（bioluminescence）。萤光素和萤光素酶这一生物发光体系，可以极其灵敏、高效地检测基因的表达。

本实验中，利用萤光素酶基因来检测烟草 Rubisco 小亚基的基因表达。将含有烟草 Rubisco 小亚基基因启动子::萤火虫萤光素酶基因::终止子完整表达盒的载体通过 PEG 介导的方法转入 BY2 原生质体中，通过裂解细胞、检测萤光素酶催化萤光素底物释放出的生物发光的强度来学习如何应用萤光素酶报告系统。

【材料、试剂和仪器】

1. 材料　　BY2 烟草悬浮细胞，载体 pUC19-Pro-LUC-T_{NOS}。

2. 试剂

（1）萤光素酶测试液（Promega E1501）等。

（2）原生质体裂解液：2.5mmol/L Tris-磷酸（pH 7.8），1mmol/L DTT，2mmol/L 反式-1,2-环己二胺四乙酸单水合物（DACTAA），10%甘油，1% Triton X-100。

3. 器具　　化学发光仪等。

【实验步骤】

（1）BY2 细胞原生质体的制备参见实验 1.10。

（2）PEG 介导的载体 pUC19-Pro-LUC-T_{NOS} 转化按照实验 1.10 进行。

（3）将原生质体裂解液按 1∶1 体积分别加入转化 16h 后的原生质体和未转化的原生质体，涡旋振荡充分混匀后静置 5min。

（4）4℃下以 1000r/min 离心 2min。

（5）取 20μL 上清液与 100μL 萤光素酶测试液混匀。

（6）用化学发光仪检测荧光信号。

【实验结果】

比较不同实验组的萤光素酶样品的荧光强度。

【附录】

多功能酶标仪的操作与使用视频参见数字资源 3.12.1。

资源 3.12.1

第四章 线虫的实验操作

实验 4.1 线虫 DNA 的提取

【实验目的】

掌握线虫 DNA 制备的饱和酚抽提方法。

【实验原理】

秀丽隐杆线虫（Caenorhabditis elegans）是重要的模式生物之一，也是最早的测序动物。自从 1998 年以来，科学家已经分离和鉴定了该生物 19 000 个基因的功能。C. elegans 分为雌雄同体和雄性个体，生命周期较短（3 周左右），以细菌为主要食物，生长适宜的温度条件为 15～25℃。由于 C. elegans 的遗传背景相对清楚和在实验室容易操作，所以最近几年来作为重要的模式生物用于功能基因组的研究。以下介绍该生物的基因组 DNA 的提取。

【材料、试剂和器具】

1. 材料　　线虫。

2. 试剂

（1）线虫培养介质（1L）：9g NaCl，51g 琼脂，7.5g 蛋白胨，3mL 胆固醇（5mg/mL 乙醇母液），3mL 1mol/L $CaCl_2$，3mL 1mol/L $MgSO_4$，2925mL dH_2O。高压灭菌冷却至室温时加入 75mL 1mol/L K_3PO_4（pH 6）并不断搅拌混匀。

（2）M9 缓冲液（1L）：3g KH_2PO_4，6g Na_2HPO_4，5g NaCl，4mL 1mol/L $MgSO_4$，dH_2O 定容至 1L。

（3）TE 缓冲液：10mmol/L Tris-HCl（pH 7.8），1mmol/L EDTA（pH 8.0）。

（4）TBS 溶液：25mmol/L Tris-HCl（pH 7.4），200mmol/L NaCl，5mmol/L KCl。

（5）裂解缓冲液：250mmol/L SDS，使用前加入蛋白酶 K 至 100mg/mL。

（6）20% SDS 和 2mg/mL 蛋白酶 K。

（7）Tris 饱和酚（pH 8.0），酚：氯仿（1∶1），氯仿。

（8）无水乙醇和 75%乙醇。

3. 器具　　100mL 培养皿，离心机，电泳仪，电泳槽等。

【实验步骤】

1. 活体线虫的收集　　针对在 20℃条件下生长 5～7d 的生物活性较强的线虫（100mL 培养皿中含 3～5 个），利用 1mL M9 缓冲液或灭菌水反复冲洗，收集线虫至 1.5mL 的离心管中。在 4000r/min 条件下离心 15min，弃上清液，保留线虫用作 DNA 提取。

2. 线虫 DNA 提取

（1）将线虫转移到 1.5mL 离心管中，加入约 10 倍体积的裂解缓冲液，并在 50～55℃条件下水浴 1~2h，其间不断轻轻振动离心管以保证线虫细胞充分裂解。

（2）DNA 提取：①加入等体积饱和酚至上述样品处理液中，温和地充分混匀 3min，在 5000r/min 条件下离心 10min，将上层水相转移到第 2 个干净的 1.5mL 离心管中。②随后加入等体积饱和酚，充分混匀后在 5000r/min 条件下离心 10min，取上层水相转移到第 3 个干净的 1.5mL 离心管中。③之后，加等体积酚：氯仿于该离心管中，轻轻混匀后在 5000r/min 条件下离心 10min，取上层水相到第 4 个干净的离心管中，如水相仍不澄清，可重复此步骤数次。④接着，加入等体积氯仿于离心管中，轻轻混匀后在 5000r/min 条件下离心 10min，转移上层水相到另一干净的离心管中。⑤再加入 1/10 体积的 3mol/L CH_3COONa（pH 5.2）和 2.5 倍体积的无水乙醇，轻轻倒置混匀，待絮状物出现后，在 5000r/min 条件下离心 5min，弃去上清液，离心后的沉淀即线虫 DNA。⑥继续用 75%乙醇洗涤沉淀后的线虫 DNA，并在 5000r/min 条件下离心 3min，弃去上清液，室温下挥发乙醇，待沉淀将近透明后加入 50~100μL TE，在 4℃条件下过夜溶解，随后在-20℃条件下保存备用。

【实验结果】

DNA 提取完毕，将其溶解并通过 NanoDrop 分光光度计进行浓度测定分析，以及进行琼脂糖凝胶电泳分析。

【思考题】

对于不同生物或组织的 DNA 提取，保证 DNA 提取质量的关键技术是什么？

实验 4.2　线虫同步化

【实验目的】

掌握获得同一时期的线虫的方法。

【实验原理】

利用线虫卵较虫体硬、成分不同，不易被 NaClO 氧化的特点，对虫体进行破碎，收集虫卵进行培养从而得到大量处于同一时期的线虫。

【材料、试剂和器具】

1. 材料　　线虫。

2. 试剂

（1）漂白缓冲液：3mL NaClO，2.5mL 5mol/L KOH，19.5mL ddH_2O。

（2）M9 缓冲液，OP50 平板培养基等。

3. 器具　　1.5mL 离心管，体视镜，低速离心机，移液器等。

【实验步骤】

（1）将成虫用 M9 缓冲液洗至 1.5mL 离心管中，加入新鲜配制的漂白缓冲液 1mL，剧烈振荡 10min。

（2）在体视镜下观察，如果多数成虫体破裂，释放出胚胎，立刻以 3000r/min 离心 1min，弃上清液。再加 M9 缓冲液悬起虫体，洗 3 次。

（3）将胚胎放置过夜，等它们都孵化为 L1 代的幼虫，用移液器将虫体吸至 OP50 平板培养基正常培养。

【实验结果】

在体视显微镜下，观察同步化孵化的线虫。

【思考题】

为什么需要对线虫进行同步化处理？

实验 4.3 线虫总 RNA 提取

【实验目的】

掌握提取线虫 RNA 的方法步骤。

【实验原理】

Trizol 试剂是一种总 RNA 抽提试剂，内含异硫氰酸胍等物质，能快速裂解细胞，抑制细胞释放出核酸酶活性；加入氯仿后，溶液分为有机相和水相，RNA 存于水相中；转移水相，通过异丙醇沉淀回收 RNA。Trizol-氯仿法相关内容参见实验 3.7。

【材料、试剂和器具】

1. **材料** 线虫。
2. **试剂** Trizol 试剂盒，氯仿，异丙醇，乙醇，MOPS 缓冲液等。
3. **器具** 离心机，分光光度计，成像仪等。

【实验步骤】

（1）将一个 60mm 板上的线虫用 M9 洗下来，用 DEPC 处理的 H_2O 洗 3 遍，室温 3000r/min 离心 2min。

（2）估计线虫的体积，加入 4 倍体积的 Trizol 试剂（Invitrogen），涡旋振荡 10min，室温静置 10min，4℃下以 12 000r/min 离心 5min。

（3）将上层的水相小心吸出，加入等体积的氯仿，振荡混匀，静置 3min，4℃下以 12 000r/min 离心 10min。

（4）吸取上层，加入 2 倍体积的异丙醇，室温放置 10min，12 000r/min 离心 10min。

（5）沉淀用 75%乙醇洗 3 次，晾干，溶于 50μL DEPC H_2O 中，并用分光光度计测定 RNA 的浓度。

（6）对于照射处理的线虫，提取 RNA 的时间为照射后 10h。

（7）按照如下步骤进行 Northern blotting 分析。

1）取 20μg 变性的总 RNA，经 1.2%甲醛变性胶电泳分离。

2）在 10×SSC 中转至尼龙膜上，转膜时间>36h。

3）以 *egl-1*、*ced-9*、*ced-4*、*ced-3*、T25C12.3、*act-1* cDNA 为探针，*act-1* 为内参，用（α-

32P）dCTP 随机引物标记法进行标记。

4）65℃杂交 20h，55℃洗膜，首先在 2×SSC/0.1% SDS 洗膜液中振荡漂洗 15min，之后转入 1×SSC/0.1% SDS 洗膜液中振荡漂洗 10min。

5）将处理后的杂交膜在磷屏成像仪中进行放射自显影。

【实验结果】

将提取的 RNA 进行变性琼脂糖凝胶电泳，分析其质量与浓度；分析 Northern blotting 数据结果（选做）。

【思考题】

RNA 提取过程中，主要注意事项及其原因是什么？

【附录】

MOPS 缓冲液：20mmol/L 3-(N-吗啡啉)丙磺酸，2mmol/L CH_3COONa，1mmol/L EDTA。

实验 4.4　线虫的甲基磺酸乙酯（EMS）诱变

【实验目的】

了解 EMS 诱变机理，得到线虫突变体。

【实验原理】

烷化剂能使一些碱基烷基化，如使鸟苷酸甲基化，影响 mRNA 的转录，使得蛋白质表达紊乱，造成蛋白质重组，从而改变生物性状。

【材料、试剂和器具】

1. **材料**　线虫若干。
2. **试剂**　M9 缓冲液，EMS 诱变剂，5mol/L KOH 等。
3. **器具**　15mL BD 管，离心机，涡旋振荡仪，摇床，NGM 培养皿，培养箱，荧光显微镜等。

【实验步骤】

（1）收取约 400 只 L4 时期幼虫，转移至 15mL BD 管中，加入 10mL M9 缓冲液，3000r/min 水平离心 5min，弃上清液，重复洗 3 遍，将上清液吸出，余下 2mL M9 缓冲液及管底的线虫。

（2）配制 EMS 诱变剂：将 20μL EMS 加入含 2mL M9 缓冲液的 BD 管中，在涡旋振荡仪上混匀 1min，直至看不见油滴状的 EMS。

（3）将稀释好的 2mL EMS 加入 2mL 含 L4 时期线虫的 M9 缓冲液中，放置于 25℃摇床中保持 120r/min 晃动，诱变 4h。

（4）诱变结束后洗去诱变剂，3000r/min 离心 5min，将虫子收集至管底，吸出上清液后加入 10mL M9 缓冲液，混匀，重复洗 3 遍。注意废液弃于装有 5mol/L KOH 溶液的烧杯中，使

EMS 失活。

(5) 漂洗完成后,将诱变后的线虫悬于约 0.5mL M9 缓冲液中,滴至新鲜的 NGM 培养皿上,置于 20℃培养箱恢复培养。

(6) 12h 后,将健康的线虫分为 5 只每皿,20℃培养。

(7) 3~4d 后,挑出 L4 时期的 F1 代线虫,分为 3 只每皿,20℃培养。

(8) 3~4d 后,挑取成年 F2 代线虫,置于 2%琼脂糖垫上,在荧光显微镜下观察,筛选目的表型的突变体。

【实验结果】

观察 F2 代线虫,筛选与亲代表型不一致的个体。

【思考题】

1. 为什么要对线虫进行诱变?
2. 诱变的原理是什么?
3. 观察对象为什么选择 F2 代而不是 F1 代?

实验 4.5　线虫的杂交

【实验目的】

获得雄性线虫或获得某一特定突变体。

【实验原理】

孟德尔遗传定律是指由遗传学家孟德尔根据豌豆杂交实验在 1865 年发表的著名定律,即遗传学的两个基本定律——分离定律和自由组合定律,这一定律促进了遗传学的诞生。从理论上讲,分离定律还可帮助更好地理解为什么近亲不能结婚的原因。自由组合定律为解释自然界生物的多样性提供了重要的理论依据。

【材料、试剂和器具】

1. **材料**　线虫(雄虫 10~20 只,雌雄同体 4~8 只)。
2. **试剂**　无。
3. **器具**　NGM 杂交板 1~2 个。

【实验步骤】

提前准备好 OP50 菌斑面积很小的 NGM 杂交板。挑 3~4 只处于 L4 时期的雌雄同体线虫和 10 只左右年轻雄虫到同一个 NGM 杂交板,在 3~4d 后观察平板上是否有年轻的雄虫出现,若有则说明杂交成功。

【实验结果】

观察自交线虫和杂交线虫后代,统计雄虫出现的概率。

【思考题】

为什么线虫的遗传研究需要进行杂交?

实验 4.6　线虫基因型的鉴定

【实验目的】

掌握线虫基因型鉴定的原理及方法。

【实验原理】

通过 PCR 后直接电泳、PCR 后限制性酶切再电泳或 PCR 后直接测序的方法可以鉴定突变体线虫的基因型。PCR 相关内容参见实验 3.9 和 3.10。

【材料、试剂和器具】

1. **材料**　线虫（N2 和 CB4856）。
2. **试剂**　线虫裂解缓冲液（lysis buffer）等。
3. **器具**　PCR 仪，凝胶电泳仪等。

【实验步骤】

1. 线虫 PCR 的具体步骤

（1）挑取大约 10 只线虫放于 20μL 的线虫裂解缓冲液中。

（2）将含有线虫的裂解液放入液氮中速冻。

（3）冷冻过的裂解液放入 PCR 仪中进行裂解，程序为：65℃，95min，95℃ 20min（使蛋白酶 K 失活）。

（4）取 2μL 裂解液作为模板进行 PCR 反应（参照实验 3.9）。

2. 单核苷酸多态性法定位基因　为了找到造成突变体表型的基因突变，首先需要通过遗传定位获得基因的位置信息。单核苷酸多态性（single nucleotide polymorphisms，SNP）法定位是在线虫的基因组测序完成后发展出来的一种新型基因定位方法，利用了野生型株系 N2 和夏威夷株系 CB4856 基因组中广泛存在的 SNP，此为指示确定突变位点的相对遗传位置。和 N2 相比，CB4856 中大约平均每 1000 个碱基就有一个 SNP。当我们以 N2 为背景筛选得到突变体后，可以将其与 CB4856 进行杂交，在 F1 代中引入一半的 CB4856 的染色体。在 F1 代线虫生殖细胞减数分裂过程中，来自 CB4856 的染色体会和来自突变体的染色体发生联会和交换。根据遗传交换定律，CB4856 的染色体上的 SNP 和突变位点间的距离决定了发生交换的概率。由于一些 SNP 能导致限制性酶切片段的多态性，通过凝胶电泳可以区分出 N2 和 CB4856 DNA 的带型，因此不同的交换率可通过限制性酶切片段的多态性带型的比例反映出来。

SNP 定位大致分为两个步骤，首先是染色体定位，而后进行染色体区段定位，具体步骤如下所示。

（1）将突变体纯合子的雌雄同体线虫和 CB4856 的雄虫进行交配，杂交成功后，每只 L4 时期的 F1 代线虫单独放在一皿。

（2）挑取约 200 条具有突变体表型的 F2 代线虫，每条放一皿，每条 F2 代线虫与其后代为一个重组子。同时挑出30条不展现突变体表型的F2代线虫作为非重组子，用作染色体定位的对照组。

（3）染色体定位：取30条重组子和30条非重组子线虫分别混合，裂解，用作PCR模板。在每条染色体均匀选取8个SNP位点，通过PCR扩增出DNA片段后用限制性内切酶 *Dra*I 进行酶切，通过电泳判断出每个SNP位点上N2与CB4856带型的比例。如果某条染色体上的8个SNP位点处N2与CB4856的带型比例均为1∶1，则说明突变不在这条染色体上。如果某条染色体上有多个SNP位点表现出N2为主的带型，则说明突变就位于这条染色体。

（4）染色体区间定位：当把突变位点定位到某条染色体之后，就可以利用这条染色体上的SNP位点进行区间定位。基本原理是突变位点和邻近的SNP位点的交换率低，和较远的SNP位点交换率高。先选取此条染色体上的8个SNP位点，分别检测40个重组子，看哪些是含有CB4856带型的，突变位点就在CB4856带型比例最低的两个SNP之间。再用这两个SNP筛选所有的重组子，留下含有CB4856带型的，继续检测位置靠中间的SNP。这样距离突变位点越近，表现出CB4856带型的重组子所占比例就越小，最后就可以把突变基因定位在两个遗传距离较近的SNP之间。

【实验结果】

通过实验鉴定两个SNP位点的距离。

【思考题】

简述对SNP的原理、方法步骤的理解。

实验4.7 线虫转基因及整合

【实验目的】

掌握线虫转基因及整合的实验原理及方法。

【实验原理】

基因整合是指借助同源重组等方式将外源DNA片段插入目的细胞基因组特定位置的过程。

【材料、试剂和器具】

1. **材料** 线虫。
2. **试剂** 目的质粒，转基因标记质粒等。
3. **器具** 显微注射仪，紫外照射仪NGM板等。

【实验步骤】

1. 转基因 挑出100只左右处于L4时期的雌雄同体线虫进行同步化处理，12h后用于注射。配制好注射用的质粒混合物（目的质粒浓度50ng/μL，转基因标记质粒50ng/μL），注射前将质粒混合物以12 000r/min离心15min、沉淀杂质，而后从液体表层吸取0.5μL加入显微注射用的玻璃针中，在高倍镜下将玻璃针刺入线虫生殖腺体，用氮气的压力将针内的质粒混合物注射进去。总共注射 30 只左右线虫。注射完毕后将线虫分板，每板 5 只。3~4d 后挑取展现标记基因表型的转基因线虫作为 F1 代，1 只线虫 1 个板；再培养 3~4d，若 F1 代产生了展现标记基因表型的 F2 代，则为一个转基因株系。

2. 整合　　选择一个转基因后代比例在 50%左右的转基因株系，从中挑取约 100 只 L4 时期的携带转基因的幼虫，放在 1 个新鲜的 NGM 板上。用剂量为 37gy 的 γ 射线照射，然后将辐照后的线虫每 5 只一板分在 20 个新的 NGM 板上，20℃培养至饥饿状态。然后分别从每个板上切下 4 块带线虫的培养基放置到新板上，共 20 板。20℃培养 2d 后，从每个板上分别挑取 15 只 L4 时期线虫，1 只线虫分 1 板，共 300 板。3~4d 后，观察是否所有后代都展现标记基因的表型，如果是，则为一个转基因整合株系。整合后的转基因株系需要和 N2 进行 4 次以上的回交来去除 γ 射线照射后产生的背景突变。

【实验结果】

显微镜下观察转基因成功的线虫。

【思考题】

1. 转基因和基因整合有哪些不同？二者如何区分？
2. 基因整合为何需要低剂量 γ 射线照射？

实验 4.8　线虫的 RNAi 实验

【实验目的】

掌握 RNAi 原理及方法。

【实验原理】

RNA 干扰（RNAi）是一种进化上保守的抑制靶基因表达的机制。RNA 干扰是由长 22~24 个核苷酸的双链小 RNA 分子介导的，称为干扰小 RNA（small interfening RNA，siRNA），来自于较长的双链 RNA 前体，通过降解相应的 mRNA 来抑制基因表达，从而阻断蛋白质的合成。

【材料、试剂和器具】

1. 材料　　所使用的细菌菌株为 HT115（DE3），它是一种 RNaseⅢ缺陷的，并带有 IPTG 诱导 T7 聚合酶表达系统的 K-12 型大肠杆菌。线虫基因组中约 80%的基因的 siRNA 已被克隆到 L4440 载体上并转入 HT115 菌株中，构建成线虫 RNAi 文库。

2. 试剂　　氨苄青霉素（Amp），四环素（Tet），LB 培养液，NGM 培养基等。

3. 器具　　摇床，培养皿等。

【实验步骤】

（1）将 RNAi 菌株从全基因组 RNAi 文库中接种到含有氨苄青霉素和四环素的 LB 平板上，于 37℃培养过夜。

（2）挑取单克隆接种到含有氨苄青霉素和四环素的 5mL LB 培养液中，于 37℃摇床内

220r/min 培养过夜。

（3）将过夜菌按 1∶10 的比例转接至新的含有氨苄青霉素的 5mL LB 培养液中，于 37℃ 摇床内继续培养到 OD 值为 0.6～0.8。

（4）吸取 300μL 含菌的 LB 培养液，涂布在添加了氨苄青霉素、四环素和 IPTG 的 NGM 培养基上，室温放置 2d 即可使用或放于 4℃ 储存。

（5）将 3 只 L4 时期的线虫转接到上述准备好的 RNAi 培养皿内，20℃ 恒温培养，观察下一代线虫的表型。

【实验结果】

显微镜下观察表型，并通过 qRT-PCR 确认 RNAi 的效率。

【思考题】

1. 在实验过程中，哪些步骤或条件是决定 RNAi 实验成功的关键？
2. 如何理解 RNAi 的效率问题？

实验 4.9　利用 CRISPR/Cas9 对线虫的基因组进行编辑

【实验目的】

掌握 CRISPR/Cas9 的原理、方法及应用。

【实验原理】

CRISPR 系统原本是细菌的免疫系统中用来抵御噬菌体或外来质粒 DNA 的侵袭而进化出来的对特定序列 DNA 进行剪切的系统。其主要包括两部分，一个是识别特定序列的 guidingRNA（gRNA），另一个是在 gRNA 指导下对 DNA 进行切割的核酸内切酶 Cas9。Cas9 核酸内切酶和 gRNA 结合后，在 DNA 具有 PAM 序列的前提下，gRNA 和 DNA 上的特定互补序列结合，就可以介导 Cas9 对 DNA 的特定位点进行切割，形成双链断裂。被切割的 DNA 一般会通过两种方式进行修复，即非同源末端连接的方式和以同源序列作为模板进行同源重组的方式。因此，人们可以通过外源导入根据需要修改同源序列来达到基因编辑的目的。

【材料、试剂和器具】

1. **材料**　　线虫。
2. **试剂**　　dpy-10 sgRNA 及修复模板等。
3. **器具**　　CRISPR 在线设计工具（如 http://crispr.mit.edu）等。

【实验步骤】

（1）使用在线 CRISPR 设计工具（如 http://crispr.mit.edu）设计合适的 gRNA 序列，并将其克隆至 pPD162 中。

（2）设计并合成单链寡聚核苷酸作为修复模板。模板中应包含目的突变和利用 SNP 得到或破坏的限制性酶切位点。

（3）显微注射：以 dpy-10 的 gRNA 和修复模板作为共筛选因子，与编码 Cas9、转录目的

gRNA 的质粒和修复模板共同注射到线虫的生殖腺。将注射后的线虫每板 5 只进行分板，于 20℃恒温培养。

（4）阳性鉴定：4d 后，挑取 rol 的虫子，分板，每板 1 只，于 20℃恒温培养。4d 后，利用酶切或测序的方法鉴定并得到带有目的突变的虫子。

【实验结果】

分析测序结果，通过 Western blotting 检测基因编辑的情况。

【思考题】

1. 简述 CRISPR/Cas9 的原理。
2. CRISPR/Cas9 与其他基因编辑系统相比有何优缺点？

第五章 果蝇的实验操作

实验 5.1 果蝇中肠干细胞的形态与观察

【实验目的】

1. 学习果蝇消化系统的解剖。
2. 认识果蝇中肠干细胞。

【实验原理】

干细胞是一类具有自我更新和分化潜能的细胞。干细胞分为胚胎干细胞和成体干细胞。成体干细胞具有不对称分裂性，在分裂时，一个子细胞维持干细胞命运，另一个子细胞则分化并执行特定的功能。成体干细胞在维持正常的成体组织稳态和组织再生中发挥着至关重要的作用。

通常，成体干细胞都存在于一个有特定基质细胞的微环境中。因此鉴定和辨别成体干细胞就显得很重要。果蝇成虫肠道和人类的消化系统在发育过程及遗传控制方面很相似。果蝇成虫中肠的最外层为环形肌，基底膜将肠道上皮细胞和环形肌分开（图 5.1.1）。中肠干细胞（ISC）位于上皮细胞层最基底部，与基底膜接触。ISC 分裂形成两个子细胞，一个保持干细胞特性；另外一个为成肠细胞（EB）。成肠细胞不再分裂，而是直接分化为肠道上皮细胞（EC）或肠道内分泌细胞（EE）。果蝇 EC 细胞与脊椎动物的吸收细胞相似，产生激素的 EE 细胞与脊椎动物的分泌细胞相似。

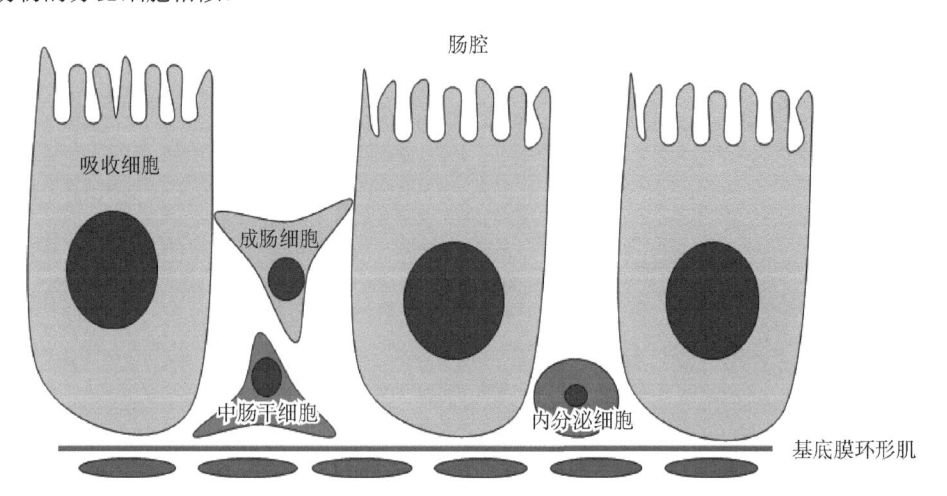

图 5.1.1 果蝇中肠的结构模式图

在果蝇中，典型的双元表达系统是 *GAL4-UAS*，这个系统中的酵母转录因子基因 *GAL4* 受特定启动子控制。*GAL4* 可以激活另一个包含上游活化序列（UAS）的外源插入基因。在果蝇肠道中，我们利用在 ISC 中特异表达的 *Esg* 基因来控制 *GAL4* 的表达，在干细胞和成肠细胞中驱动 UAS-GFP 的表达，因而可以标记肠道干细胞。

【材料、试剂和器具】

1. 材料　　带有 Esg-GAL4、UAS-GFP 的果蝇。

2. 试剂　　磷酸盐缓冲液（PBS），0.1% Triton X-100，37%福尔马林，NaN$_3$，DAPI（4',6-二脒基-2-苯基吲哚），5%马血清等。

3. 器具　　体视镜，5mm 培养皿，微量移液器，载玻片，盖玻片，解剖镊子，荧光显微镜，吸水纸，CO$_2$ 麻醉板，摇床等。

【实验步骤】

（1）果蝇肠道的解剖。将带有 Esg-GAL4、UAS-GFP 的果蝇置于 CO$_2$ 麻醉板上，用 CO$_2$ 麻醉，用解剖镊子拿到盛有 PBS 缓冲液的培养皿中，用镊子将其头、胸部、卵巢摘除，操作过程中应避免碰触果蝇肠，以免对肠造成损坏而影响观察。

（2）将解剖的肠马上放入新鲜配制的固定液中（3.7%福尔马林，用 PBS 配制），于室温固定 30min。

（3）将固定液移除，用 PBST（PBS+0.1% Triton X-100）快洗 1 次。

（4）移除 PBST，再用 PBST 慢洗 3 次，每次 5min。

（5）用含有 5%马血清的 PBST 进行封闭 40min（封闭液中加入 NaN$_3$，放冰箱 4℃保存）。

（6）移除封闭液，将 DAPI 按 1∶1000 溶于封闭液中。向封闭好的肠道样品管中加入 200μL 的 DAPI 溶液，于暗处放置 30min。

（7）孵育完后，用 PBST 快洗 1 次，慢洗 5min。

（8）将肠放入 PBS 缓冲液中，在载玻片上去除多余组织，仅保留肠道，盖玻片压片。

（9）在荧光显微镜下观察。

【实验结果】

在荧光显微镜下，会观察到肠道干细胞和成肠细胞被 GFP 标记，而吸收细胞和内分泌细胞未被标记（图 5.1.2，数字资源 5.1.1）。

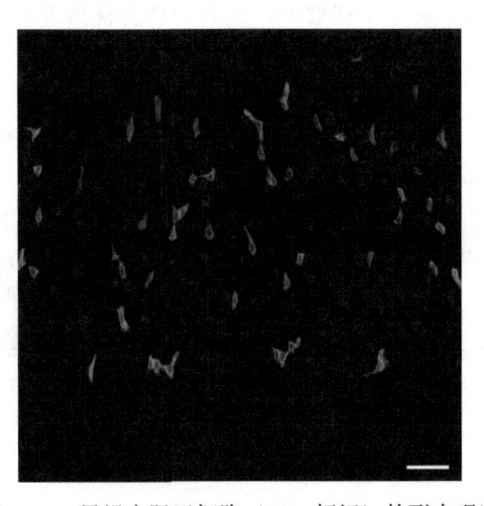

图 5.1.2　果蝇中肠干细胞（GFP 标记）的形态观察

蓝色 DAPI 标记细胞核，标尺为 20μm

【注意事项】

(1) 解剖观察要小心，避免破坏肠道组织。
(2) 固定液要现用现配，开启后长期存放的37%福尔马林效果较差。

【思考题】

1. 干细胞的作用是什么？
2. 干细胞具有什么特性？
3. 描述肠道干细胞的形态与分布情况。

实验 5.2　果蝇 S2 细胞的培养与转染

【实验目的】

1. 掌握无菌果蝇细胞操作。
2. 掌握果蝇 S2 细胞的培养方法。
3. 学习和掌握果蝇 S2 细胞的转染方法。

【实验原理】

　　细胞培养是在体外条件下，用培养液模拟机体生理条件以维持细胞在体外进行生长与增殖。细胞培养已被广泛应用于分子生物学、遗传学、免疫学、肿瘤学、细胞工程等领域，并取得显著成就。细胞传代培养是在体外持续培养细胞系所必需的。当附着在培养瓶上的培养细胞相互接触形成单层，或悬浮细胞浓度过高时，由于细胞的生存空间和营养不足，导致细胞开始死亡。为了维持细胞系的延续，就必须将细胞从原来的培养瓶中取出，以 1:3 或适当的比例将细胞转移到盛有新培养基的新培养瓶中继续培养。细胞在传代后，经常会经历三个生长阶段：游离期、对数生长期和停滞期。对数生长期是细胞活力最好的时期，适宜进行各种实验。一般情况下，细胞传代培养 2~3d 后会进入对数生长期。

　　果蝇 S2 细胞是 Schneider 2 细胞的简称，S2 细胞是由科学家 I. Schneider 在 1972 年从 20~24h 果蝇胚胎的原代培养细胞中获取的，现有的种种证据表明 S2 细胞很可能来源于巨噬细胞谱系。S2 细胞是最常用的果蝇细胞系之一。S2 细胞可以在室温下生长，同时不需要 CO_2，它以半贴壁形式生长，在无血清的培养基中也可生长。

　　转染（transfection）指真核细胞由于外源 DNA 掺入而获得新的遗传标志的过程。常规转染技术可分为两大类，一类是瞬时转染，一类是稳定转染（永久转染）。根据转染介质的不同，可以分为物理、化学和病毒三大类。本实验采用脂质体法。阳离子脂质体表面带正电荷，能与核酸的磷酸根通过静电作用将 DNA 分子包裹入内，形成 DNA-脂质体复合体；也能被表面带负电荷的细胞膜吸附，再通过膜的融合或细胞的内吞作用，偶尔也通过直接渗透作用，DNA 传递进入细胞，形成包涵体或进入溶酶体。其中一小部分 DNA 能从包涵体内释放，并进入细胞质中，再进一步进入核内转录、表达。

【材料、试剂和器具】

1. 材料　　果蝇 S2 细胞。
2. 试剂　　70%乙醇，果蝇 Schneider 培养基，链霉素/青霉素，胎牛血清（FBS），台盼蓝（trypan blue），磷酸盐缓冲液（PBS），Effectene 转染试剂（QIAGEN）。

3. 器具 微量移液器（20μL，200μL，1mL），5mL 移液器，细胞培养用超净台，酒精灯，废液缸，血球计数板，涡旋振荡器，恒温水浴箱，台式离心机，25cm² 培养瓶，6 孔与 24 孔培养板，离心管，倒置显微镜，荧光显微镜，细胞培养箱。

【实验步骤】

1. 冻存细胞的复苏

（1）准备 30℃水浴，并将 Schneider 培养基预先放至室温，在超净工作台中取 5mL 培养基到一新的 25cm² 培养瓶中。

（2）从液氮罐中取出一管冻存细胞，并快速在 30℃水浴中解冻。

（3）在细胞完全解冻之前，用 70%乙醇将细胞冻存管外面消毒，并将细胞转入盛有 5mL 培养基的 25cm² 培养瓶中。

（4）在室温培养 30min。

（5）重新悬浮细胞，并用 1000r/min 离心。去除含有 DMSO 的培养基，并将细胞转入另一个盛有 5mL 培养基的 25cm² 培养瓶中。

（6）将细胞放入培养箱，培养至（6~20）×10⁶ 个/mL。这需要 3~4d。

2. 细胞传代培养

（1）首先将培养瓶置于显微镜下，观察培养瓶中细胞是否已长成致密单层，如已长成单层，即可进行细胞的传代培养。

（2）用手反复敲打培养瓶，使细胞从培养瓶上分离下来。

（3）用 5mL 移液器吸取培养瓶里的培养基，冲洗整个培养瓶的培养面，将仍然留在培养瓶上的细胞洗下来。

（4）用 5mL 移液器快速吹打培养基几次，使细胞团解离并尽可能形成单细胞。

（5）将细胞按 1∶5~1∶3 的比例分到新的培养瓶中，然后加入新的 Schneider 培养基。例如，若原先培养瓶中的细胞浓度达到 2×10⁷ 个/mL，取 1mL 该细胞悬浮液，加入一新培养瓶中，并在该培养瓶中加入 1mL Schneider 培养基，则比例为 1∶5。

（6）将继代后的培养瓶放入培养箱，培养至（6~20）×10⁶ 个/mL，或用于其他实验。

3. 细胞转染

（1）将 S2 细胞按 1.6×10⁵ 个/孔（6 孔板，每个孔 2mL）被铺在 6 孔培养板中，每孔加入 1.6mL 含血清和抗生素的培养基。室温下培养过夜。

（2）第 2 天，用培养基洗两次，每个孔 1mL。

（3）转染当天，取事先溶于 TE 缓冲液（pH 7~8）的 DNA 0.4μg（DNA 浓度要求不低于 0.1μg/μL），用 EC 缓冲液稀释至总体积为 100μL。加入 3.2μL Enhancer（一定要保证 DNA 总量与 Enhancer 体积的比例为 1μg∶8μL），然后振荡 1s 混匀。

（4）将混合物室温（15~25℃）孵育 2~5min，然后快速离心一下，以将离心管顶部的液滴全部收集至管底。

（5）在上述体系中加入 10μL Effectene 制剂（可以不必一直将其置于冰上，在室温中放置 10~15min 不会改变其稳定性），用移液器反复吹吸 5 次或涡旋振荡 10s。

（6）将混合物于室温孵育 5~10min 以形成转染复合物，孵育期间进行下一步。

（7）从细胞培养板里轻轻吸弃原培养基，然后用 3mL PBS 洗涤一次，最后再加入 1.6mL 新鲜的培养基（可以包含血清和抗生素）。

（8）在第 6 步孵育完成后，向其中加入 600μL 培养基（可以包含血清和抗生素）。用移液器吹吸 2 次，然后立即将复合物逐滴加入 6 孔板的细胞中。轻摇培养板以使转染复合物分布均匀。

（9）将细胞放回培养箱，继续培养直至转染的目的基因表达。培养时间由实验要求和所使用的目的基因决定。

【注意事项】

（1）实验过程中，所有的与细胞接触的试剂和仪器必须是无菌的。

（2）实验开始之前要确保有冻存的 S2 细胞。

（3）在细胞转染传代前要数细胞数，确保细胞密度合适。利用台盼蓝检测细胞活性。

（4）由于 S2 细胞是半悬浮状态，因此最好不要直接在培养瓶中洗细胞，而是将细胞悬浮后，离心洗涤。

（5）转染细胞时确保细胞处于对数生长期，以获得最佳转染效率。

【实验结果】

（1）良好生长的 S2 细胞如图 5.2.1 所示。

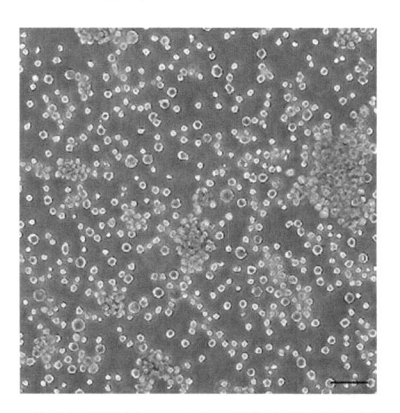

图 5.2.1　相差显微镜下观察到的生长良好的 S2 细胞

标尺为 100μm

（2）转染后的 S2 细胞，可以根据转染质粒中所带有的标记标签来检测。图 5.2.2（数字资源 5.2.1）显示利用免疫荧光法检测转染后的 S2 细胞。

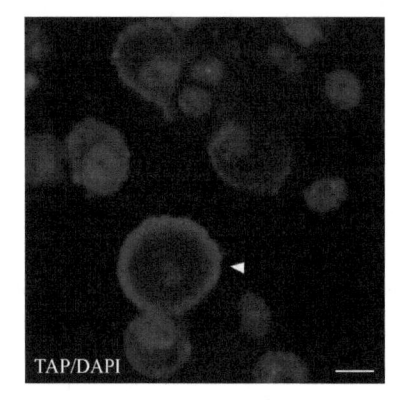

图 5.2.2　转染后的 S2 细胞的免疫荧光染色

红色标记 S2 细胞，蓝色标记细胞核，标尺为 5μm

【思考题】

1. 在复苏冻存细胞时要注意什么？
2. 影响细胞生长速率的因素有哪些？
3. 如何才能获得较佳的转染效率？

实验 5.3　果蝇基因组 DNA 的提取

【实验目的】

掌握果蝇基因组 DNA 提取的方法。

【实验原理】

DNA、RNA 和核苷酸都是极性化合物，一般都溶于水，不溶于乙醇、氯仿等有机溶剂，它们的钠盐比游离酸易溶于水，RNA 钠盐在水中溶解度可达 40g/L。DNA 在水中为 10g/L，呈黏性胶体溶液。

在酸性溶液中，天然状态的 DNA 以脱氧核糖核蛋白（DNP）形式存在于细胞核中。要从细胞中提取 DNA 时，先把 DNP 抽提出来，再把 P 除去，再除去细胞中的糖、RNA 及无机离子等，从中分离 DNA。DNP 和 RNP 在盐溶液中的溶解度受盐浓度的影响而不同。DNP 在低浓度盐溶液中，几乎不溶解，如在 0.14mol/L NaCl 溶液中溶解度最低，仅为在水中溶解度的 1%；随着盐浓度的增加溶解度也增加，在 1mol/L NaCl 溶液中的溶解度很大，比纯水高 2 倍。RNP 在盐溶液中的溶解度受盐浓度的影响较小，在 0.14mol/L NaCl 溶液中溶解度较大。因此，在提取时常用此法分离这两种核蛋白。

苯酚：氯仿作为蛋白质变性剂，同时抑制了 DNase 的降解作用。用苯酚处理匀浆液时，由于蛋白质与 DNA 连接键已断，蛋白质分子表面又含有很多极性基团与苯酚相似相溶。蛋白质分子溶于酚相，而 DNA 溶于水相。离心分层后取出水层，多次重复操作，再合并含 DNA 的水相，利用核酸不溶于醇的性质，用乙醇沉淀 DNA。此法的特点是使提取的 DNA 保持天然状态，真核细胞 DNA 的分离通常是在 EDTA 及 SDS 等去污剂的存在下，用蛋白酶 K 消化细胞获得。

【材料、试剂和器具】

1. 材料　　新鲜的成体果蝇或-80℃冻存的果蝇。

2. 试剂　　裂解液 [0.1mol/L Tris-HCl（pH 8.5），0.1mol/L EDTA（pH 8.0），0.1mol/L NaCl，0.5% SDS]，3mol/L NaAc（pH 5.2），苯酚：氯仿：异戊醇（25：24：1），异丙醇，70%乙醇，无水乙醇，RNase，无菌水或 TE 缓冲液等。

3. 器具　　离心机，恒温水浴锅（或干式恒温器），台式高速离心机，匀浆器，离心管，电泳装置等。

【实验步骤】

（1）将待测果蝇用 CO_2 麻醉后，每 2～5 只收集到一个离心管中，并放置于冰上。

（2）每个离心管中分别加入 30μL 裂解液，并用匀浆棒将果蝇充分捣碎，然后再加入

170μL 裂解液。裂解液用之前需在 55℃下溶解。

（3）将离心管放置 70℃干式恒温器上孵育 30min，孵育期间可间断混合以确保裂解充分。

（4）裂解后每管加入 20μL 3mol/L NaAc（pH 5.2）并混合均匀（NaAc 可增加溶液盐浓度，促进 DNA 沉淀）。

（5）加入 1 倍体积即 220μL 苯酚：氯仿：异戊醇（25：24：1）的混合溶液，涡旋混合均匀（苯酚：氯仿：异戊醇作用为使蛋白质变性，有助于溶液分相，使离心后的上层水相、中层变性蛋白相及下层有机相维持稳定，同时异戊醇还能减少抽提过程中产生的气泡）。

（6）12 000r/min 离心 10min。

（7）将上清液（水相）吸出并转移到一个新的离心管中。

（8）用 0.6 倍上清液体积的异丙醇沉淀 DNA，混匀后以最大转速离心 10min（混匀后静置一段时间再离心效果更好）。

（9）弃上清液，并加入 1mL 70%乙醇洗涤沉淀，上下翻转离心管混匀，然后离心 5min（可重复洗涤 DNA，效果更好，乙醇可洗去 DNA 沉淀表面的有机溶剂）。

（10）倒掉乙醇，再将离心管放入离心机中瞬时离心，用移液器将乙醇吸干净并静置 2～5min，使乙醇挥发干净。

（11）待乙醇挥发干净后，用 30μL ddH$_2$O 溶解 DNA 沉淀，每管加入 1μL RNase，混合后在室温静置 5～10min 便可进行 PCR 反应或于-20℃冰箱保存。

（12）电泳检测 DNA 完整性。

【注意事项】

（1）果蝇要研磨充分，否则会降低 DNA 的产量。

（2）在离心后要注意避免吸取沉淀，并记录每管吸取上清液的体积。

（3）要使乙醇完全挥发，残留乙醇会影响后续酶活性。

（4）注意不要过度干燥 DNA 沉淀，否则 DNA 会很难溶解。

【实验结果】

（1）果蝇基因组 DNA 纯度分析。用紫外分光光度计在 230nm、260nm 和 280nm 波长分别读数。1 个 A_{260} 值相当于 50μg/mL 双链 DNA。可用 A_{260}/A_{280} 与 A_{260}/A_{230} 之比值估计样品 DNA 的纯度。对于纯 DNA 制品，其 A_{260}/A_{280}≈1.8，A_{260}/A_{230}＞2.0。若 A_{260}/A_{280}＞1.8，则表明可能有 RNA 污染；若 A_{260}/A_{280}＜1.8，则表明可能有蛋白质污染。

（2）果蝇基因组 DNA 完整性分析。通过琼脂糖凝胶电泳可初步检测基因组 DNA 的完整性。完整的基因组 DNA 在 20kb 左右呈现一条电泳带；若 DNA 已降解，则电泳条带呈现弥散状。

【思考题】

1. 在提取基因组 DNA 的过程中，如何尽量避免 DNA 降解？
2. 如何有效去除蛋白质和 RNA？

实验 5.4　果蝇肠道损伤检测（蓝精灵法）

【实验目的】

1. 了解肠道完整性的生理意义。
2. 学会检测肠道组织完整性的方法。

【实验原理】

肠道是个体消化和吸收营养的地方，同时也是保护肠道菌群和抵御外源有害物质侵染的屏障，因此肠道的完整性是衡量个体健康的重要指标之一。肠道的完整性与炎症、肠道感染和衰老等生理病理过程密切相关。当肠道受到物理损伤或感染，导致肠道完整性受损，会使肠道内容物和外源物质扩散到腹腔中，甚至诱发机体系统性的菌毒血症，严重危害个体的健康和生命。本实验利用非可代谢性蓝色染料亮蓝来饲喂果蝇，通过观察染料在果蝇体内的浸透性，快速简便地评判果蝇肠道的完整性，即蓝精灵法。正常情况下，正常果蝇肠道壁完整，饲喂可食用蓝色染料后，染料将集中于果蝇的口器、前胃及肠道中，不会扩散。如果果蝇肠道出现渗漏，饲喂后的蓝色染料将从肠道渗漏至全身，导致其全身被亮蓝染成蓝色，此时果蝇形似蓝精灵，因此该方法被称为蓝精灵法。蓝精灵法可以作为评判肠道生理病理变化的指标之一，可以利用多聚葡萄糖盐（DSS）饲喂后的果蝇为阳性对照。DSS可对肠道基底层造成损伤，使得肠道壁变薄，肠道组织出现损伤。

【材料、试剂和器具】

1. **材料**　成虫果蝇或三龄幼虫。
2. **试剂**　5%蔗糖溶液，5%显微DSS溶液（溶于5%蔗糖），2.5%亮蓝溶液（溶于5%蔗糖）等。
3. **器具**　体视显微镜，麻醉板，小刷子，微量移液器，过滤器，果蝇培养管，滤纸等。

【实验步骤】

（1）配制指示溶剂，将可食用蓝色染料亮蓝以2.5%（W/V）溶于5%蔗糖溶液，并用0.22μm滤膜过滤后无菌保存。

（2）将双层圆形滤纸片塞入装有食物的饲养管中，完全覆盖食物。吸取200μL指示溶剂，均匀地悬滴于滤纸片上；等滤纸片吸干溶剂后，再吸取200μL指示溶剂，再次均匀滴加在滤纸片上，静置（以滤纸被浸润至饱和但不会有多余液体溢出为准）。

（3）将待检测的成虫果蝇先用CO_2麻醉，挑选10只放入1个饲养管中。将饲养管横放，用刷子先将果蝇轻轻刷到管壁上，等果蝇完全苏醒后，再将饲养管慢慢竖放。共需要3个重复。

（4）在该果蝇管中饲喂9~12h后，在镜下观察蓝色蔓延的情况，如果只有口器至消化道呈现蓝色，判定为肠道未出现渗漏；如果除口器至消化道之外，腹腔、胸腔、头部等部位出现蓝色，则判定为肠道出现渗漏，说明果蝇肠道结构发生变化、出现严重损伤。

（5）实验结果的计算以呈现蓝精灵果蝇的数目除以总数目，表示肠道渗漏果蝇的比例数。对于同一种基因型果蝇的同样处理，至少需要3管作为平行实验，且至少需要3次独立实验重复。

【注意事项】

（1）成虫果蝇可以提前饥饿脱水 2h，再喂食染料，这将会提高摄入率和缩短观察时间。

（2）但对于有生理病理缺陷的果蝇，长时间饥饿脱水处理可能会造成部分果蝇死亡。

【实验结果】

实验结果参见图 5.4.1 和图 5.4.2（数字资源 5.4.1）。

图 5.4.1　果蝇幼虫肠道完整性
左图为对照，右图为饲喂葡聚糖 24h 后的幼虫出现蓝色弥散

图 5.4.2　果蝇成虫肠道完整性
左图为对照，右图为饲喂葡聚糖 24h 后的成虫出现蓝色弥散

【思考题】

1. 如何判断肠道完整性被破坏？
2. 如何加快破坏肠道完整性？

【附录】

（1）5%蔗糖溶液：称取 5g 蔗糖溶于 100mL ddH$_2$O，并用 0.22μm 的滤膜过滤后无菌保存。

（2）2.5%亮蓝溶液：称取 2.5g 可食用蓝色染料亮蓝，溶于 100mL 5%蔗糖溶液中，并用 0.22μm 的滤膜过滤后无菌保存。

（3）5%显微 DSS 溶液：称取 0.5g DSS 溶于 10mL 5%无菌蔗糖溶液中。

实验 5.5　果蝇精巢免疫荧光染色

【实验目的】

1. 了解果蝇组织的免疫荧光染色方法。
2. 学会解剖果蝇组织。
3. 检测某种特定蛋白质在果蝇精巢中的表达分布情况。

【实验原理】

免疫荧光染色技术是基于具有荧光色素标记的特异性抗体和待测抗原进行结合，进而通过激光激发荧光色素来实现在组织和细胞中对某种特定蛋白质的定性检测技术。本实验方法使用的第一抗体不作荧光标记，使用与第一抗体种属相同抗体的 Fc 段作为抗原免疫动物而制备的抗抗体，即第二抗体，并用荧光素标记第二抗体。反应时，特异性的第一抗体与细胞中相应的待测抗原反应结合，然后缓冲液洗掉未结合的第一抗体，再用荧光素标记的第二抗体与结合在抗原上的第一抗体结合，最终形成抗原-抗体-荧光抗体复合物。在激光扫描共聚焦显微镜下，通过相应波长的激光激发荧光素，从而接收信号形成图像。

【材料、试剂和器具】

1. 材料 雄果蝇。

2. 试剂 10%多聚甲醛（PFA）固定液，1×PBS 缓冲液，3%牛血清蛋白（BSA），DAPI 染色液，一抗，荧光标记的二抗，PBT（1×PBS+0.1% Trition X-100）等。

3. 器具 量筒（1L，100mL，50mL），蓝盖瓶（1000mL，250mL，100mL），1.5mL EP 管，50mL 离心管，一次性移液器吸头（1000μL，200μL，100μL，10μL），解剖用塑料培养皿（直径 30mm），载玻片，盖玻片，解剖镊子，移液器，体视显微镜，摇床，荧光显微镜等。

【实验步骤】

1. 配制固定液 按照 PBT、10%多聚甲醛溶液、1mol/L HEPES 溶液的体积比 5∶4∶1，在 1.5mL EP 管中配制固定液，每管 500μL（固定液现用现配，500μL 固定液中果蝇精巢样品数量不宜过多，一般不超过 30 只）。

2. 解剖 在 30mm 培养皿倒入 1×PBS，左手用镊子夹住雄果蝇胸部，浸入 PBS 溶液中，使镊子与果蝇在培养皿底部保持不动，不要松手。右手用镊子夹住果蝇腹部最后一节，向果蝇后方轻轻拉去，果蝇精巢会随着生殖器和最后一节表皮的扯掉而被拉出来。将拉出来的组织放入配制好的固定液中。

3. 固定 果蝇精巢放在斜摇床上摇动，20r/min 固定 20min（保证样品摇动，不要沉在 EP 管底部）。

4. 清洗 吸弃固定液，加入 500μL PBT，快洗 1 次（轻轻颠倒 3 次即可）。吸弃 PBT，再加入 500μL PBT，放在平摇床上摇动，20r/min 慢洗 5min。重复慢洗步骤，一共慢洗 3 次。

5. 封闭 吸弃 PBT，加入 300μL 3% BSA，放在斜摇床上摇动，20r/min 封闭 1h。

6. 配制一抗工作液 用 3% BSA 按一定比例稀释一抗，建议进行预实验，设置抗体浓度梯度寻找最适浓度，商业抗体可参考说明书推荐比例。

7. 孵育一抗 吸弃 3% BSA（此处确保全部吸干净），加入 50~100μL 一抗工作液，放在斜摇床上，转速 20r/min，4℃过夜孵育（至少 10h）。

8. 回收一抗工作液并清洗 将一抗工作液全部回收，加入 500μL PBT，快洗 1 次（轻轻颠倒 3 次即可）。吸弃 PBT，再加入 500μL PBT，放在平摇床上摇动，20r/min 慢洗 5min。重复慢洗步骤，一共慢洗 3 次。

9. 配制二抗工作液 按二抗说明书提前配制二抗储存液，取相应比例的二抗储存液和 DAPI 加入 PBT 中，每份样品配制 200μL 二抗工作液。

10. 孵育二抗　　吸弃慢洗的 PBT，加入 200μL 二抗工作液，放在斜摇床上摇动，转速 20r/min，室温避光孵育 2h。

11. 清洗　　吸弃二抗工作液，加入 500μL PBT，快洗 1 次（轻轻颠倒 3 次即可）。吸弃 PBT，再加入 500μL PBT，放在平摇床上摇动，20r/min 避光慢洗 5min。重复慢洗步骤，一共慢洗 3 次。

12. 保存及制片　　吸弃 PBT（确保全部吸干净），加入 30~50μL 70%甘油（全部覆盖住样品即可），制片或放入-20℃冰箱中避光保存（请在两周之内完成制片拍照，两周之后会存在荧光淬灭的风险）。制片时，剪掉移液器吸头尖端，吸出样品到载玻片上，去掉生殖器、表皮及其他无关的组织，轻轻盖上盖玻片，用激光扫描共聚焦显微镜拍照。

【注意事项】

（1）初步解剖需要将脂肪等能够吸收抗体的组织去除干净，以免影响孵育的效率。此外，需要用解剖镊轻轻将成虫盘暴露在外面，降低无关组织的掩盖或遮挡。

（2）需要选择合适的一抗稀释倍数，实现较好的信噪比。不同来源的抗体可能有不同的最佳稀释倍数，需要通过预实验来确定。二抗稀释倍数可以根据说明书或预实验来确定。二抗的孵育及之后的步骤都需要避光。

（3）样品的洗涤贯穿了整个实验，尽可能吸净上一步液体以减少对下一步实验的影响，并且注意样品没有丢失。

（4）要保证组织样品的完整性。

【实验结果】

在成体果蝇中，中心细胞位于精巢顶端，而胞囊干细胞（cyst stem cell，CySC）和生殖干细胞（germ stem cell，GSC）与中心细胞紧密接触，它们共同形成一个"花环形"结构。每个 GSC 由一对 CySC 包裹，并同时进行不对称分裂，靠近中心细胞的子细胞维持干细胞特性，而远离中心细胞的子细胞形成一个精原母细胞（gonialblast，GB）和两个胞囊细胞（cyst cell）。然后精原母细胞增殖形成精原细胞（spermatogonia，SG），精原细胞经过 4 次不完全有丝分裂，增殖至 16 细胞期，并分化成精母细胞（spermatocyte，SC），开始减数分裂，最终分化成精细胞（Greenspan et al.，2015）。

通过本实验方法，我们对精巢组织中的发育早期细胞进行免疫荧光染色（图 5.5.1，数字资源 5.5.1）。基于 *GAL4-UAS* 系统，我们构建了一种在胞囊细胞世系中特异表达的驱动子 *c587-gal4*，驱动胞囊细胞中 *UAS-GFP* 表达（图 5.5.1B）。*Vasa* 在生殖细胞世系中特异表达，为了寻找合适的稀释比例，我们解剖了多组样品，设置了一抗稀释梯度，使用的二抗是 Cy3 标记的驴抗兔 Igg。图 5.5.1C 展示了最适抗体浓度下的染色结果。GFP、DAPI、Cy3 三种荧光的激发光和收集光谱均不同，可以在激光扫描共聚焦显微镜下打开 3 个通道同时检测。综上，本实验结果较为形象地展示了精巢组织中发育早期的组织结构，通过对 Vasa 染色将生殖细胞世系与其他类型细胞区分开来，以便于观测生殖细胞的发育状态。

【思考题】

1. 如何判断组织固定良好？
2. 如果染色结果显示 DAPI 染色很弱，你认为是什么原因导致的？

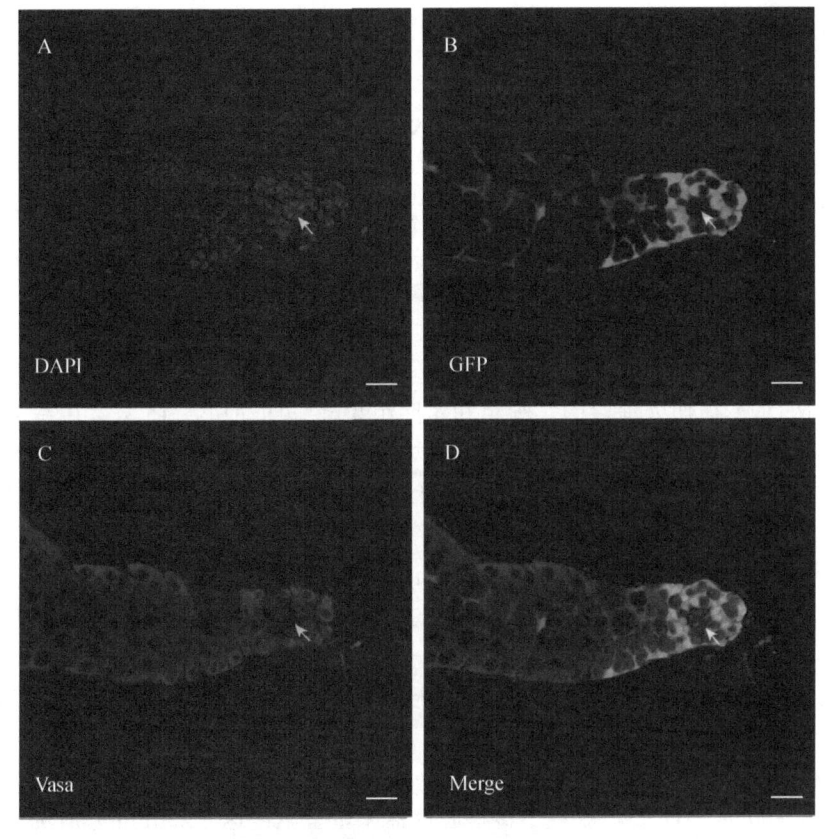

图 5.5.1 成体果蝇精巢顶端组织结构

A.蓝色显示的是细胞核 DNA；B. GFP 由 *c587-gal4* 驱动，在胞囊细胞世系中特异表达；C. Vasa 标记生殖细胞世系；D.本图显示的是三个通道叠加。图中白色箭头指示中心细胞，标尺为 10μm

【附录】

本实验所需试剂的配制参见数字资源 5.5.2。

实验 5.6　果蝇凋亡检测（TUNEL 法）

【实验目的】

1. 了解细胞凋亡的原理。
2. 学会检测细胞凋亡的 TUNEL 法。

【实验原理】

细胞凋亡（apoptosis）是细胞在基因控制下有序死亡的方式。凋亡细胞中染色体 DNA 断裂的形成是一个渐进过程。在脱氧核糖核苷酸末端转移酶（terminal deoxynucleotidyl transferase，TdT）的作用下，可以对 DNA 断裂缺口的 3′-OH 进行标记，借助荧光素等标记物，对凋亡细胞进行检测。TUNEL 检测（TdT-mediated dUTP-biotin nick end labeling assay，TUNEL assay），也称 DNA 缺口的末端标记法，将凋亡细胞的形态特征与生物化学特征结合在一起，可以检测到非常少量的凋亡细胞，灵敏度高，被广泛应用于凋亡细胞的检测。

【材料、试剂和器具】

1. 材料　果蝇三期幼虫。

2. 试剂　1×PBS，抗荧光淬灭剂，TUNEL 试剂盒，指甲油，3.7%多聚甲醛固定液，PBTX，柠檬酸钠溶液等。

3. 器具　标准级显微镜载玻片，盖玻片，1.5mL 离心管，平皿，移液器吸头，移液器，解剖镊，解剖显微镜，转移脱色摇床，加盖水浴锅（37℃），台式离心机，金属浴（65℃），激光扫描共聚焦显微镜或正置荧光显微镜等。

【实验步骤】

（1）挑取 DNA 损伤处理后的实验组和对照组果蝇三期幼虫各 15 只，用冷 PBS 清洗虫体，放置到冷 PBS 中。对果蝇进行初步解剖：将虫体从中后部截断，用镊子抵住幼虫头部，用另一把镊子将虫体翻转套在抵住幼虫的镊子上，清除脂肪、肠道等组织，将成虫盘连同皮层放置于冰浴的含 1mL PBS 的 1.5mL 离心管中。

注：解剖后的组织可以在室温下放置 20min，或在冰上最多放置 1h。

（2）加入 800μL 固定液，放置于转移脱色摇床，室温慢速（20r/min）固定 20min。室温 1000r/min 离心 1min，废弃液体。

（3）加入 800μL PBTX，放置于转移脱色摇床，室温慢速（20r/min）清洗 10min，清洗 3 次。

（4）室温 1000r/min 离心 1min，废弃液体。

（5）加入 800μL PBTX5，放置于转移脱色摇床，室温慢速（20r/min）清洗 5min，废弃液体。

（6）加入 800μL 柠檬酸钠溶液，于 65℃金属浴孵育 30min。

（7）室温 1000r/min 离心 1min，废弃液体。

（8）加入 800μL PBTX，放置于转移脱色摇床，室温慢速（20r/min）清洗 10min，清洗 3 次。

（9）尽可能吸净上一步残余液体，使样本周围的区域干燥。

（10）加入 100μL TUNEL 反应混合物（10μL 反应液+90μL 标记液），轻弹混匀。反应混合物可在第 9 步提前配制，配制时于冰上操作，注意避光。

（11）在避光、湿润的环境中（加盖水浴锅），37℃孵育 3h 或过夜。

（12）室温 1000r/min 离心 1min，废弃液体。

（13）加入 800μL PBTX，放置于转移脱色摇床，室温慢速（20r/min）清洗 10min，清洗 3 次。

（14）在干净平皿中加一滴 PBS，进一步解剖（将翅膀成虫盘与肌肉组织分离），待所有样品解剖完成后，将其转移至滴加抗荧光淬灭剂的载玻片上。

（15）将盖玻片从一侧轻盖在样品上，避免组织变形，四周涂上指甲油，4℃保存样品。

（16）使用激光扫描共聚焦显微镜或正置荧光显微镜拍照。

【实验结果】

实验结果参见图 5.6.1（数字资源 5.6.1）。

−HU　　　　　　　　+HU

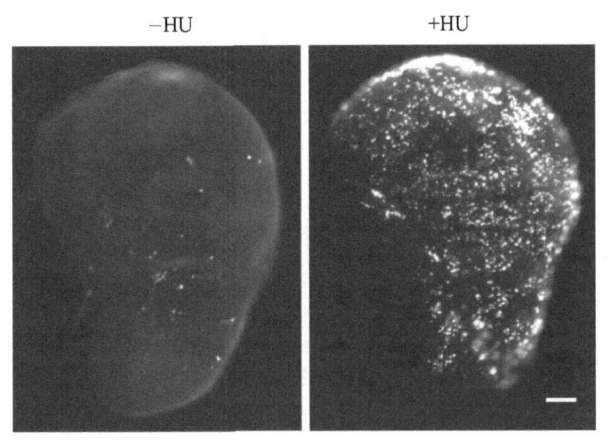

图 5.6.1　TUNEL 法检测果蝇凋亡细胞（正置荧光显微镜拍摄）

羟基脲（hydrox yurea, HU）处理 6h 后，果蝇翅膀成虫盘出现大量凋亡细胞。标尺为 100μm

【注意事项】

（1）在组织制备过程中，快速解剖和使用冰浴缓冲液可以减少解剖过程中产生的损伤。初步解剖需要将脂肪等能够吸收抗体的组织去除干净，以免影响孵育的效率。此外，需要用解剖镊轻轻将成虫盘暴露在外面，降低无关组织的掩盖或遮挡。

（2）样品的洗涤贯穿了整个实验，尽可能吸净上一步液体以减少对下一步实验的影响，并且注意样品没有丢失。

（3）要保证组织样品的完整性。在载玻片上滴加的抗荧光淬灭剂不能过多，防止组织滑动损伤。

（4）实验完成要尽快拍照，时间过长有可能导致荧光的淬灭，使照片质量下降。

（5）在 TUNEL 染色过程中可能出现标记不成功的现象，可以在步骤 6 中使用替代渗透法，将样品置于 10μg/mL 蛋白酶 K 的 PBTX 溶液中，室温孵育 3~5min。

如果 TUNEL 反应标记不明显，可以将成虫盘及其连接的肌肉组织共同解剖下来后，用解剖镊轻轻将成虫盘暴露在外，或者 PBTX5 孵育延长至 10min。

（6）TUNEL 检测用的柠檬酸钠溶液现配现用时渗透效果最好，此外过夜孵育 TUNEL 反应液，可以使反应更加充分。

【思考题】

1. 如何判断组织固定良好？
2. 如果染色结果检测不到 TUNEL 信号，你认为是什么原因导致的？

【附录】

（1）0.3% PBST：1×PBS，0.3%吐温-20，4℃保存。

（2）封闭液（新鲜配制）：0.3% PBST+1% BSA+2%羊血清，或 0.3% PBST+5%马血清。

（3）固定液：9.63mL 1×PBS（新鲜配制），加 370μL 3.7%多聚甲醛。

（4）PBTX：100mL 1×PBS，加 100μL Triton X-100，4℃保存。

（5）PBTX5：100mL 1×PBS，加 500μL Triton X-100，4℃保存。

（6）柠檬酸钠溶液：50mL PBTX，加 1.47g 柠檬酸钠，4℃保存。

实验 5.7　果蝇幼虫脂滴的标记观察

【实验目的】

1. 了解脂滴的标记。
2. 学会解剖脂肪体和组织固定。

【实验原理】

脂滴是细胞内重要的细胞器，可以通过中性脂染料标记，观察其形态、大小与分布。中性脂染料可以跟脂滴中的中性脂结合，在特定的荧光激发下，发出特定波长的荧光。

【材料、试剂和器具】

1. 材料　果蝇幼虫。
2. 试剂　1×PBS 缓冲液，甘油，指甲油，4%多聚甲醛（PFA）溶液，4%甲醇溶液，DAPI 母液（20ng/μL），尼罗红，BODIPY，LipidTOX 等。
3. 器具　载玻片，染色皿，EP 管，锡箔纸，解剖镊，高压蒸汽灭菌锅或过滤网，激光扫描共聚焦显微镜或荧光显微镜等。

【实验步骤】

（1）幼虫在实验条件下饲养到三龄幼虫爬行期（wandering 时期）。

（2）将适量 PBS 缓冲液滴于载玻片上，果蝇三龄幼虫置于液滴中。室温条件下，用解剖镊解剖，分离出脂肪体。将分离好的组织放于含有 PBS 缓冲液的染色皿中。

（3）吸干 PBS 缓冲液，用 4% PFA 在室温下固定 30min。

（4）吸干 PFA 溶液，用 PBS 清洗 3 次，每次 10min。

（5）根据需要，用 PBS 按 1：1000 稀释 1mg/mL 的中性脂染料 BODIPY494/503 或按 1：2500 稀释 0.5mg/mL 尼罗红或按 1：100 稀释的 LipidTOX。室温染色 1h 或 4℃过夜。染色时应注意避光（Liu et al.，2014）。

（6）吸干染料溶液，用 PBS 清洗 3 次，每次 10min。

（7）按照 1：10 稀释 20ng/μL DAPI 母液，并染色 5min。染色时应注意避光。

（8）吸走 DAPI，用 PBS 清洗 3 次，每次 10min。

（9）80%甘油压片，用指甲油封片。封片后应尽快进行拍摄。如需保存样品，应避光并放于 4℃。

（10）用激光扫描共聚焦显微镜或荧光显微镜扫描样品。

【注意事项】

（1）由于脂肪体组织密度小，在固定和洗涤过程中，需要注意防止将脂肪体组织吸走。

（2）在固定和洗涤过程中不要加入去垢剂，防止脂滴被破坏，导致脂类物质从脂肪体中流出。

（3）染色完成后需要尽快观察，若不能及时观察，样品需保存于 4℃，防止脂肪体中的脂滴破裂。

【实验结果】

实验结果参见图 5.7.1（数字资源 5.7.1）。

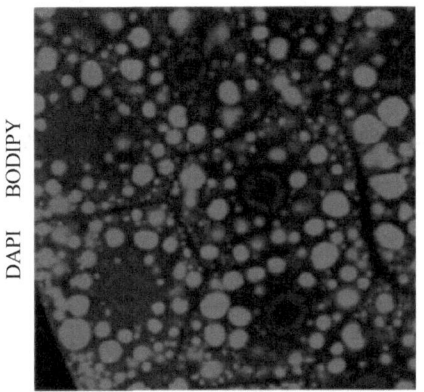

图 5.7.1 野生型果蝇三龄幼虫脂肪体脂滴染色

蓝色荧光标示染料 DAPI 着色的细胞核，绿色荧光标示中性脂染料着色的脂滴，放大倍数为 40 倍

【附录】

（1）1×PBS 缓冲液：137mmol/L NaCl，2.7mmol/L KCl，10mmol/L Na$_2$HPO$_4$，2mmol/L KH$_2$PO$_4$。

用 800mL 蒸馏水溶解 8g NaCl、0.2g KCl、1.44g Na$_2$PHO$_4$ 和 0.24g KH$_2$PO$_4$。用 HCl 调节溶液的 pH 至 7.4，加水至 1L。分装后在 103.4kPa 高压蒸汽灭菌 20min，或过滤除菌，室温保存。

（2）4% PFA：将 10g 多聚甲醛溶解在 250mL 0.1mol/L Na$_3$PO$_4$ 缓冲液，60℃加热搅拌至澄清，调 pH 到 7.4。配制好的溶液于 4℃保存。

（3）4%甲醇溶液：4mL 甲醇溶解于 96mL 蒸馏水。

（4）1mg/mL DAPI 母液：将 10mg DAPI 粉末加入 10mL 双蒸水中，配制成 1mg/mL 母液，分装在 10 个 EP 管中，用锡箔纸包裹，置于−20℃冰箱保存。实际使用时，将母液 1∶5000 稀释。

（5）0.5mg/mL 尼罗红：用丙酮配制 0.5mg/mL 的母液，配制好的溶液于 4℃保存。用时 1∶500～1∶2000 稀释。

（6）1mg/mL BODIPY：用 DMSO 或无水乙醇配制 1mg/mL 母液，用时 1∶500～1∶1000 稀释。配制好的溶液于 4℃保存。

第六章　动物细胞的实验操作

实验 6.1　HeLa 细胞的传代培养

【实验目的】

1. 掌握 HeLa 细胞的培养方法。
2. 认识 HeLa 细胞增殖生长规律。

【实验原理】

细胞培养（cell culture）是模拟机体内生理条件，在人工条件下使其生存、生长、繁殖和传代的技术，常用于对细胞生命过程、细胞癌变等问题的研究。近年来，细胞培养广泛地应用于分子生物学、遗传学、肿瘤学、细胞工程等领域，发展成为一种重要的生物技术。细胞株要在体外持续地培养就必须传代，以便获得稳定的细胞株或得到大量的同种细胞，并维持细胞种的延续。培养的细胞形成单层汇合以后，由于密度过大、生存空间不足而引起营养枯竭，此时将培养的细胞分散，从容器中取出，以 1∶2 或 1∶3 以上的比例转移到另外的容器中进行培养，即传代培养。细胞"一代"指从细胞接种到分离再培养的一段期间，与细胞世代或倍增不同。在一代中，细胞倍增 3~6 次。细胞传代后，一般经过 3 个阶段：游离期、对数生长期和停滞期。细胞接种 2~3d 分裂增殖旺盛，是活力最好时期，称对数生长期（指数增长期），适宜进行各种试验。

Henrietta Lacks 是一位患有子宫颈癌的美国妇女。在她因病去世后，HeLa 细胞被广泛应用到各种研究中，并在全球不同科研机构中无限次地繁殖分裂下去。HeLa 细胞于 1953 年建立细胞系，是人们所知存在时间最长的细胞。此细胞系跟其他癌细胞相比，增殖异常迅速，其培养方法也已经很成熟。

【材料、试剂和器具】

1. 材料　　培养瓶、吸管等（在清洗干净以后，装在铝盒和铁筒中，120℃下干烤灭菌 2h 后备用），瓶塞（用灭菌锅在 103.4kPa 下蒸汽灭菌 20min 后备用），手套。

2. 试剂

（1）75%乙醇。

（2）配制好的 PBS 液用灭菌锅在 103.4kPa 下蒸汽灭菌 20min。

（3）DMEM 培养液、小牛血清、胰蛋白酶消化液，100U/mL 青霉素及 100μg/mL 链霉素用 G6 滤器负压抽滤后备用。

3. 器具　　5% CO_2 培养箱（37℃），超净台，倒置光学显微镜，酒精灯，37℃水浴锅等。

【实验步骤】

（1）将 PBS 和新鲜培养基放置在 37℃水浴锅中预热。

(2) 将长成单层的 HeLa 细胞从 CO_2 培养箱中取出，在超净工作台中倒掉瓶内的培养液。

(3) 加入 PBS 10mL，洗净残留的培养液。

(4) 加入 1mL 胰蛋白酶消化液消化，在 37℃ CO_2 培养箱中静置 5min。

(5) 在倒置光学显微镜下观察被消化的细胞，如果细胞变圆，相互之间不再连接成片，这时应立即在超净台中将消化液倒掉。

(6) 加入 6mL 新鲜培养液，上下反复吹打，制成细胞悬液。

(7) 将细胞悬液吸出 2mL 左右，加到另一个培养瓶中并向每个瓶中分别加 8mL 左右培养液，这样原细胞培养液就以 1∶3 的比例转移到了新的容器中。盖好瓶塞，送回 CO_2 培养箱中，继续进行培养。

(8) 无菌操作中的注意事项：在无菌操作中，一定要保持工作区的无菌清洁。①在操作前要认真戴手套，并在手套上喷洒 75% 乙醇消毒。②操作前 30min 用紫外灯照射超净台消毒。③操作时，严禁说话。④培养瓶要在超净台内才能打开瓶塞，打开之前用乙醇将瓶口消毒；打开后和加塞前瓶口都要在酒精灯上烧一下，打开瓶口后的操作全部都要在超净台内完成；操作完毕后，加上瓶塞，才能拿到超净台外。⑤使用的吸管在从消毒的铁筒中取出后要手拿末端，将尖端在火上烧一下，戴上胶皮乳头，然后再去吸取液体。

总之，整个无菌操作过程都应该在酒精灯的周围进行。

【实验结果】

一般情况下，传代后的细胞在 2h 左右就能附着在培养瓶壁上，2~4d 就可在瓶内形成单层，需要再次进行传代。如果在传代过程中发生污染，则在第 2 天 HeLa 细胞会悬浮死亡，而培养皿中细菌或真菌会大量繁殖。

【思考题】

什么是细胞传代？细胞传代过程中要注意哪些无菌操作事项？

实验 6.2　脂质体介导的外源基因转染 HeLa 细胞

【实验目的】

掌握脂质体介导的 HeLa 细胞转染法。

【实验原理】

转染指将具生物功能的核酸转移或运送到细胞内并使核酸在细胞内维持其生物功能。转染的方法包括 DEAE-葡聚糖法、磷酸钙法、病毒介导法、Biolistic 颗粒传递法、显微注射法、电穿孔法、阳离子脂质体法。其中，阳离子脂质体法虽在体外转染中有很高的效率，但在体内能被血清清除，并在肺组织内累积，诱发强烈的抗炎反应，导致高水平的毒性，这在很大程度上限制了其应用。新一代的脂质体基因转染试剂有效地解决了这个问题。此类试剂中带正电的聚合物与核酸带负电的磷酸基团形成带正电的复合物后，与细胞表面带负电的蛋白多糖相互作用，并通过内吞作用进入细胞。其具有转染效率高、细胞毒性低等特点，是新一代的转染试剂。

本实验将使用 Roche 公司的 FuGENE 6。FuGENE 6 的细胞毒性很小，可转染细胞系范围非常广泛,到目前为止已经超过 750 多种。此外,FuGENE 6 转染试剂不单可用于常规的 DNA 转染,还可用于长达 10kb 的大片段 DNA、寡聚核苷酸及核苷酸的转染。本实验将采用 FuGENE 6,以人组蛋白表达载体(pcDNA-GFP-H2AX)为外源 DNA,瞬时转染入 HeLa 细胞,并在显微镜下观察 GFP 信号。

【材料、试剂和器具】

1. 材料　HeLa 细胞。

2. 试剂

(1) 75%乙醇。

(2) 配制好的 PBS 液用灭菌锅在 103.4kPa 下蒸汽灭菌 20min。

(3) DMEM 培养液、小牛血清、胰蛋白酶消化液,100U/mL 青霉素及 100μg/mL 链霉素用 G6 滤器负压抽滤后备用。

(4) pcDNA-GFP-H2AX 贮存液,过滤除菌。

(5) DAPI。

(6) 指甲油。

3. 器具　5% CO_2 培养箱(37℃),超净台,倒置光学显微镜,酒精灯,37℃水浴锅,荧光显微镜,培养瓶与吸管(在清洗干净以后,装在铝盒和铁筒中,121℃下干烤灭菌 2h 后备用),瓶塞(用灭菌锅在 103.4kPa 下蒸汽灭菌 20min 后备用),手套,六孔板,盖玻片等。

【实验步骤】

(1) 在转染实验前天接种细胞,接种前在六孔板里放入灭菌后的盖玻片。各种细胞的平板密度依据细胞的生长率和细胞形状而定。进行转染当天细胞应达到 60%~80%覆盖。一般采用六孔培养皿,每孔有 2mL 培养基,含 $2×10^5$ 个细胞。

(2) 第 2 天进行转染实验。从 4℃冰箱中取出 FuGENE 6,在室温化冻、混匀后取 3μL,用无血清培养基稀释到 100μL,混匀孵育 10min。

(3) 直接加入 1μg pcDNA-GFP-H2AX,混匀并孵育 15min 以上。

(4) 逐滴加入培养细胞的六孔板中,并振荡六孔板,使混合均匀。

(5) 培养细胞 1~3d,检查结果。将盖玻片从六孔板里取出,用 DAPI 染色后,放置在载玻片上,用指甲油封片。

(6) 在荧光显微镜下观察 GFP 的自发荧光。

【注意事项】

(1) 转染前细胞最好经过 1~2 次传代,以保证细胞生长旺盛,容易转染。

(2) 转染时的细胞密度对转染效率影响非常显著。

(3) 用于转染的核酸应高度纯化。

(4) 在转染之前更换培养基,可提高转染效率,但所用培养基必须 37℃预温。

(5) 脂质体/DNA 混合物应当逐滴加入,尽可能保持一致,从培养皿一边到另一边,边加入边轻摇培养皿,以确保均匀分布和避免局部高浓度。

【实验结果】

实验结果参见图 6.2.1（数字资源 6.2.1）。

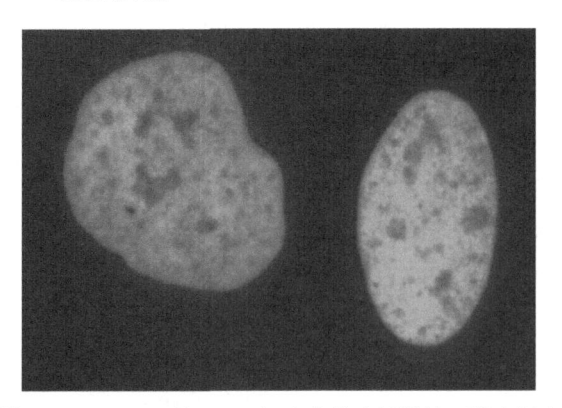

图 6.2.1　转入 H2AX-GFP 的 HeLa 细胞在荧光显微镜下发出绿色荧光信号

【思考题】

1. 如何确保比较高的转染效率？
2. 转染的方法有哪些？哪种方法是最为优化的？

实验 6.3　HeLa 细胞有丝分裂的形态观察

【实验目的】

1. 学习免疫荧光的染色方法。
2. 掌握 HeLa 细胞有丝分裂的各个形态特征。

【实验原理】

有丝分裂（mitosis）是真核细胞分裂产生体细胞的过程，由 E. A. Strasburger 于 1880 年首次发现于植物，之后由 W. Flemming 于 1882 年首次发现于动物。这种分裂方式的特点是有纺锤体染色体出现，子染色体被平均分配到子细胞，普遍见于高等动、植物体。有丝分裂分为间期（interphase）和分裂期，后者又分为分裂前期（prophase）、中期（metaphase）、早后期（early anaphase）、晚后期（late anaphase）、末期（telophase）及胞质分裂期（cytokinesis）。纺锤丝（spindle fiber）在中期开始形成，当染色体整齐排列在中期板上时，纺锤丝开始牵拉姐妹染色单体，使其在后期分离。本实验将用抗 α-tubulin 的抗体与 DAPI 染色 DNA 结合，观察有丝分裂过程中 HeLa 细胞纺锤丝的变化。

【材料、试剂和器具】

1. 材料　　HeLa 细胞。
2. 试剂　　PBS，DAPI，抗 α 微管蛋白抗体，二抗，PBST，甲醇，抗荧光淬灭试剂（anti-fade），指甲油，BSA 等。
3. 器具　　荧光显微镜，六孔盘，载玻片，盖玻片等。

【实验步骤】

（1）提前 1d 把盖玻片置于六孔盘中，在上面接种 HeLa 细胞（参见实验 4.2）。
（2）第 2 天上午，用冰甲醇固定细胞，室温下 5min。
（3）随后用含 2% BSA 的 PBST 封闭，室温下 30min。
（4）加入 1∶5000 倍稀释的一抗，抗 α-tubulin 的抗体染色 45~60min。
（5）用 PBST 洗两次，然后用 0.1% PBST 洗 3 次，每次 3min。
（6）用 1∶500 倍稀释的二抗，染色 30min。
（7）用 PBST 洗两次，然后用 0.1% PBST 洗 3 次，每次 3min。
（8）用 200μL 的 DAPI（1μg/mL）染色 DNA，3min。
（9）用 PBS 洗 5min。
（10）最后加 10μL 的 anti-fade，用指甲油封片。

【实验结果】

实验结果参见图 6.3.1（数字资源 6.3.1）。

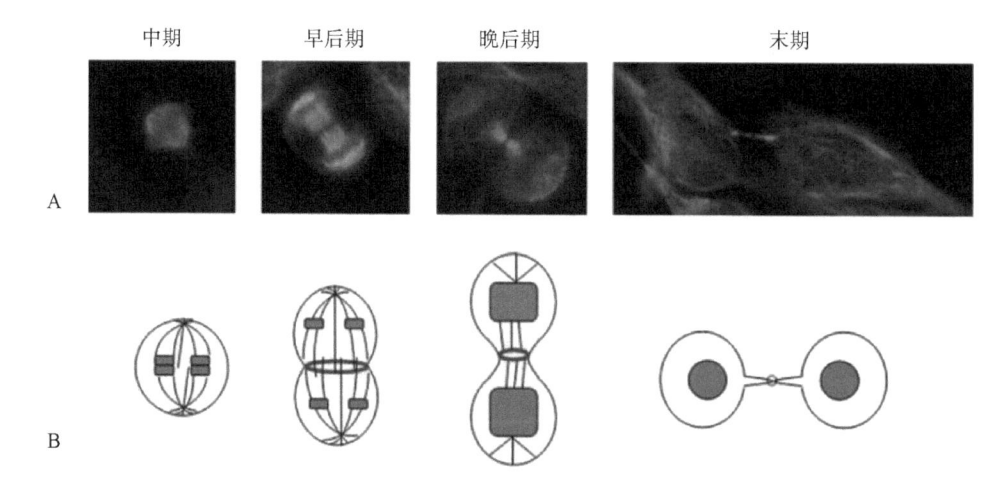

图 6.3.1　HeLa 细胞有丝分裂不同时期纺锤丝的特征定位（Li et al., 2010）
A. 有丝分裂过程中，荧光显微镜下纺锤体（绿色）和 DNA（蓝色）的动态变化；
B. 有丝分裂期的动态变化示意图

【思考题】

1. 简述 HeLa 细胞有丝分裂不同时期纺锤丝的特征定位。
2. 用含 2% BSA 的 PBST 封闭的功能是什么？

实验 6.4　免疫共沉淀技术

【实验目的】

1. 掌握免疫共沉淀技术的操作。
2. 了解分析与目的蛋白质互作的原理和方法。

【实验原理】

免疫共沉淀（co-immunoprecipitation，CoIP）是以抗体和抗原之间的专一性作用为基础的用于研究与目的蛋白质相互作用蛋白复合体的经典方法之一，也是确定两种蛋白质在完整细胞内生理性相互作用的有效方法。其基本原理是：在细胞裂解液中加入抗体，与抗原形成特异免疫复合物，经过洗脱，收集免疫复合物，然后进行 SDS-PAGE，获得复合体成分后通过质谱分析互作蛋白质成分或采用 Western blotting 确认。

【材料、试剂和器具】

1. 材料 HeLa 细胞。

2. 试剂

（1）4℃预冷的 IP 缓冲液：250mmol/L NaCl，50mmol/L Tris-HCl（pH 7.5），5mmol/L EDTA，0.5% NP-40。

（2）蛋白酶抑制剂。

（3）PBS（预冷）。

（4）细胞裂解液：IP 缓冲液加上蛋白酶抑制剂配成。

（5）蛋白质样品缓冲液（protein sample buffer）。

3. 器具 冷冻离心机，细胞刮子（用乙醇洗净，风干）等。

【实验步骤】

（1）用细胞刮子将 HeLa 细胞从培养皿上刮下来，连同培养基一起转移到 50mL 的 Falcon 管中。

（2）在离心机中 500r/min 离心 5min。

（3）吸干上清液，用 5mL PBS 吹打细胞，500r/min 离心 5min。

（4）吸干上清液，用细胞裂解液裂解细胞，在冰上静置 30min。

（5）在 4℃下 14 000r/min 离心 10min。

（6）取上清液，此为 HeLa 细胞提取物。

（7）每 500μg 蛋白质样品中，加入蛋白质 A 溶胶（protein A sepharose），加入 2g 抗体，在 4℃摇床上振荡过夜。

（8）将与蛋白质 A 溶胶孵育过夜的蛋白质样品用 4℃的离心机离心，2000r/min 离心 2min。

（9）用 1mL IP 缓冲液洗 3 次，每次在冰上放 3min，然后用 4℃的离心机离心，2000r/min 离心 2min。

（10）加入 100μL 蛋白质样品缓冲液，在 100℃煮 5min。至此免疫沉淀的蛋白质样品制备完成。

【实验结果】

如果实验目的是检测两种特定蛋白质是否在体内存在相互作用，第 2 种蛋白质通常用 SDS-PAGE 凝胶电泳及 Western 免疫印迹方法检测；如果实验目的是发现新的结合蛋白，可以直接对胶上蛋白质进行考马斯蓝染色来确定（图 6.4.1）。

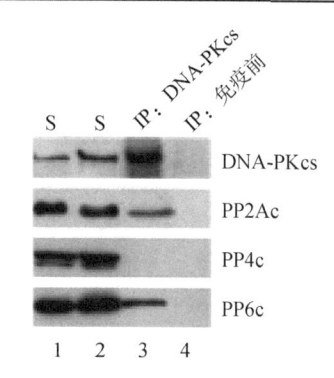

图 6.4.1 HeLa 细胞提取物免疫共沉淀检测（Douglas et al., 2010）

用抗 DNA-PKcs 的抗体做 IP，然后用抗 DNA-PKcs、PP2Ac、PP4c、PP6c 的抗体做免疫印迹实验，图示 DNA-PKcs 可与 PP2Ac、PP6c 相互作用，而不与 PP4c 相互作用

【思考题】

1. 如果免疫共沉淀实验为阳性，那么研究的两个蛋白质一定直接相互作用吗？
2. 为什么免疫共沉淀实验过程中一直用预冷的离心机？

实验 6.5　DNA 损伤诱发的焦点形成检测

【实验目的】

1. 学习免疫荧光的染色方法。
2. 学会观察 DNA 损伤后的细胞核内部焦点。

【实验原理】

生物体在生长发育过程中因不断受到各种内源性和外界环境因素的诱导，从而导致 DNA 的损伤，其中产生的 DNA 双链断裂（double-strand break，DSB）是最严重的 DNA 损伤。该种损伤影响染色体的稳定性，并严重威胁遗传信息准确、稳定地传递。Zeocin 是一种 DNA 双链断裂诱导试剂，用 Zeocin 处理细胞，细胞中 DNA 双链会受到损伤而断裂。作为对 DNA 损伤修复的响应，γH2AX 会在细胞核中形成聚焦点（foci），γH2AX 是 DNA 损伤诱导的表观遗传修饰的关键标记物。

【材料、试剂和器具】

1. 材料　U2OS 细胞。

2. 试剂　Zeocin，PBS，4% 多聚甲醛，0.5% Triton X-100，山羊血清，DAPI，γH2AX 一抗，荧光二抗，封片剂等。

3. 器具　荧光显微镜，六孔盘，细胞爬片，载玻片等。

【实验步骤】

（1）提前 1d 把细胞爬片置于六孔盘中，在上面接种 U2OS 细胞。

（2）细胞贴壁 24h 后，用 Zeocin 处理细胞。

（3）培养完成后，用 PBS 轻轻清洗 2 次。

（4）固定：4%多聚甲醇固定细胞，室温放置 10min 后用 PBS 清洗细胞 2 次。

（5）通透：加入 800μL 的 0.5% Triton X-100 对细胞进行通透，室温放置 5～10min 后用 PBS 轻轻清洗细胞 3 次。

（6）封闭：使用 10%山羊血清溶液（PBS 配制）封闭细胞，室温放置 30min。

（7）一抗孵育：将一抗稀释在 10%山羊血清中室温孵育 1h，回收一抗后用 PBS 清洗细胞 3 次。

（8）二抗孵育：将二抗稀释在 PBS 中，室温孵育 30min 后用 PBS 清洗细胞 3 次。

（9）DAPI 染色：用 DAPI（1∶1000）染色，室温放置 10min 后用 PBS 清洗细胞 3 次。

（10）使用抗荧光淬灭试剂处理样品，并放置在载玻片上进行封片。

【实验结果】

实验结果参见图 6.5.1（数字资源 6.5.1）。

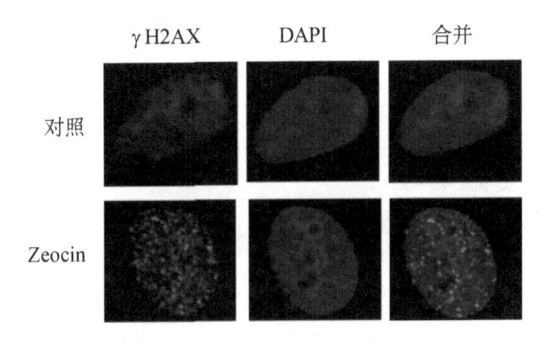

图 6.5.1 U2OS 细胞检测 DSB 损伤

细胞用 Zeocin 处理或不处理，用抗 γH2AX 的抗体和 DAPI 染色。可见 Zeocin 处理诱导 DNA 损伤后，γH2AX 聚焦点明显增加

【思考题】

1. 细胞核内聚焦点形成原因是什么？
2. 简述免疫荧光实验的原理。

实验 6.6　中性彗星实验

【实验目的】

1. 了解中性彗星实验（comet assay）的原理。
2. 掌握中性彗星实验的操作。

【实验原理】

当各种内外源 DNA 损伤因子诱发细胞 DNA 链断裂时，DNA 的超螺旋结构受到破坏，在细胞裂解液作用下，细胞膜、核膜等膜结构受到破坏，细胞内的蛋白质、RNA 及其他成分均扩散到细胞裂解液中，而核 DNA 由于分子量太大只能留在原位。在中性条件时，DNA 片段可进入凝胶发生迁移，而在碱处理和碱性电解质的作用下，DNA 发生解螺旋，损伤的 DNA 断链及片段被释放出来，由于这些 DNA 的分子量很小，所以在电泳过程中会离开核 DNA 向阳极移动，形成彗星状的图像，而未损伤的 DNA 部分保持球形。DNA 受损越严重，产生的断片越多并且片段越小，电泳时迁移的 DNA 量也就越大，迁移距离越长，荧光显微镜下可观察到尾长增加、尾部荧光强度增强。在一定条件下，DNA 迁移距离（彗星尾长）和 DNA 含量（荧光强度）分布与 DNA 损伤程度呈线性相关，因此尾矩（尾部 DNA 的含量与尾长的乘积）成为定量测定单个细胞 DNA 损伤程度的主要依据。

【材料、试剂和器具】

1. 材料　　HeLa 细胞。

2. 试剂

（1）1% LMP：用 1% 的 PBS 配制，称取 0.1g 的 LMP 加 10mL 的 PBS，称重记录，微波炉加热 30s，刚沸腾即可，加热 3~4 次，用 PBS 补齐失量。

（2）裂解缓冲液（1L）：0.5mol/L EDTA-2Na 186.12g，2% 月桂酰胺 10g，0.5mg/mL 蛋白酶 K 10μL（现用现加），调节 pH 为 8.0。

（3）冲洗缓冲液（1L）：90mmol/L Tris-HCl 10.9g，90mmol/L 硼酸 5.56g，20mmol/L EDTA-2Na 7.44g。

（4）电泳缓冲液同冲洗缓冲液。

（5）PI 染液：2.5mg/mL。

（6）一级水、PBS（提前预冷）。

3. 器具　　金属浴，电泳仪，电子分析天平，磁力搅拌器，显微镜，移液器等。

【实验步骤】

（1）铺细胞：day 0 下午铺 6 孔板，每组三个复孔使其第 2 天早上转染时密度能够达到 60% 左右。

（2）转染：day 1 早上转染，转染后 6h 换液。

（3）损伤处理：day 2 用 DNA 损伤试剂处理细胞，未处理（untreated）组不处理，其他组处理完后分别恢复不同时间节点。

（4）固定：计数 5000 个细胞，加入 1% 的 LMP 100μL，混匀后平铺于剪好的 24 孔板板盖上，室温放置 0.5h，使其凝固。

注意：LMP 先在 95℃ 金属浴放置 5min，再放置于 48℃ 防止其凝固。

（5）裂解：将板子放入准备好的盒子中，倒入裂解液，使其没过板子，在 37℃ 裂解过夜。

（6）冲洗：用提前预冷的冲洗缓冲液浸泡 30min，重复两次。

（7）电泳：电泳条件为 25 V、300mA、25~40min、4℃。电泳条件可根据实验需求改变，包括电泳缓冲液的 pH、电流电压、时间等。

注意：保持低温，缓冲液提前预冷。

（8）染色：PI 染色 30min，染料要回收。水洗 3 次，每次 5min，注意避光。

（9）用显微镜观察彗星实验制成的板，拍摄并记录至少 100 个细胞的彗星拖尾，采用 CASP 软件分析，用 Graphpad 软件进行量化统计。

【实验结果】

实验结果参见图 6.6.1（数字资源 6.6.1）。

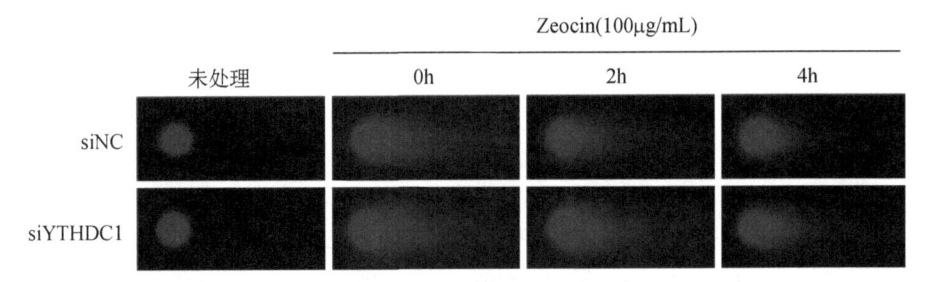

图 6.6.1　HeLa 细胞中性彗星实验

细胞用 Zeocin 处理或不处理，用 siRNA 敲低 YTHDC1。可见 Zeocin 处理诱导 DNA 损伤后，敲低 YTHDC1 的细胞彗星尾巴长

【思考题】

1. 细胞彗星尾巴越长说明什么？
2. 电泳缓冲液为什么需要提前预冷？

实验 6.7　细胞核质分离提取技术

【实验目的】

1. 学习细胞核蛋白与细胞质蛋白分离提取的方法。
2. 学会将提取得到的细胞质蛋白和细胞核蛋白进行 Western blotting 检测。

【实验原理】

在研究细胞时经常要研究细胞的不同组分，而研究得最多的两个细胞组分就是细胞核和细胞质。分离细胞核蛋白和细胞质蛋白，不仅可以用于研究蛋白质在细胞内的定位，而且很多时候分离出来的核蛋白可以用于转录调控方面的研究。细胞核质分离提取技术是通过细胞质蛋白抽提试剂 A 和 B，在低渗透压条件下，使细胞充分膨胀并破坏细胞膜，释放出细胞质蛋白，然后通过离心得到细胞核沉淀，最后通过高盐的细胞核蛋白抽提试剂抽得到细胞核蛋白。抽提得到的蛋白质可以用于 Western blotting、EMSA、footprinting、报告基因检测及酶活力测定等后续操作。

【材料、试剂和器具】

1. 材料　　HeLa 细胞。

2. 试剂

（1）4℃预冷的细胞裂解液，使用前需加入蛋白酶抑制剂。

NETN100 缓冲液：0.5% NP-40，20mmol/L Tris-HCl（pH 8.0），100mmol/L NaCl，1mmol/L EDTA，一级水定容。

NETN420 缓冲液：0.5% NP-40，20mmol/L Tris-HCl（pH 8.0），420mmol/L NaCl，一级水定容。使用时需现加 3.5mmol/L $MgCl_2$ 溶液。

（2）PBS（预冷）。

（3）全能核酸酶。

（4）蛋白质样品缓冲液（protein sample buffer）。

3. 器具　冷冻离心机，平板摇床，细胞刮子（用乙醇洗净，风干）等。

【实验步骤】

1. 收集细胞

（1）弃去细胞培养基，PBS 润洗两遍。

（2）用细胞刮子将细胞刮下、收集于 EP 管中，再用 1mL PBS 冲洗培养皿，收集残余细胞。

（3）将收集好的细胞 3000r/min 离心 1min，弃去上清液。

（4）用 1mL PBS 重悬细胞，3000r/min 离心 1min，弃去上清液，重复操作 2 次。

（5）用 1mL PBS 重悬细胞，吸出 200μL 细胞悬液作为全细胞蛋白组分，余下作为细胞质与细胞核组分，3000r/min 离心 1min，弃去上清液。

2. 全细胞蛋白组分提取

（1）在全细胞蛋白组分的细胞沉淀中加入 NETN420 缓冲液，用旋涡振荡器重悬细胞，加入 0.5μL 全能核酸酶，室温静置 20min 后，放置 4℃平板摇床，裂解 30min。

（2）4℃下以 12 000r/min 离心 20min，收集上清液，加入蛋白质样品缓冲液，100℃煮 10min，全细胞蛋白样品制备完成。

3. 细胞质蛋白组分提取

（1）在细胞质与细胞核组分的细胞沉淀中加入 NETN100 缓冲液，用漩涡振荡器重悬细胞并冰浴，振荡 5min，共 3 次，4℃下以 12 000r/min 离心 20min。

（2）收集上清液作为细胞质组分，注意不要吸到细胞沉淀，上清液加入蛋白质样品缓冲液，100℃煮 10min，细胞质蛋白样品制备完成。

4. 细胞核蛋白组分提取

（1）将上一步余下的细胞沉淀用 NETN100 缓冲液重悬后，4℃下以 12 000r/min 离心 10min，弃去上清液后重悬离心，重复清洗 3 次。

（2）在洗好的细胞沉淀中加入 NETN420 缓冲液，用旋涡振荡器重悬细胞，加入 0.5μL 全能核酸酶，室温静置 20min 后，放置 4℃平板摇床，裂解 30min。

（3）4℃下以 12 000r/min 离心 20min，收集上清液，加入蛋白质样品缓冲液，100℃煮 10min，细胞核蛋白样品制备完成。

5. 对各样品进行 Western blotting 检测　Western blotting 检测的操作请参考分子生物学、生物化学等学科的相关内容。

【实验结果】

实验结果参见图 6.7.1。

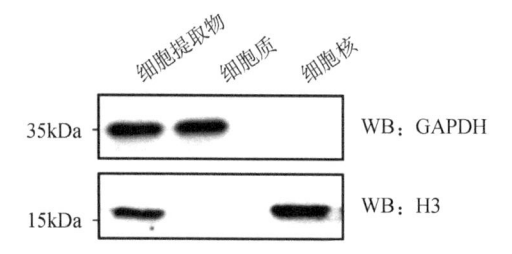

图 6.7.1　HeLa 细胞提取物进行核质分离实验

用抗-GAPDH 和 H3 的抗体进行 Western blotting 检测，看见 H3 分布在细胞核内，GAPDH 分布在细胞质里

【思考题】

1. 将细胞核与细胞质分离提取得到的蛋白质样品做 Western blotting 检测时，为什么需要设置内参？

2. 简述细胞核质分离提取技术的原理。

第七章　细胞生物学综合探究实验

　　探究式教学指教学过程在教师的启发诱导下，以学生独立自主学习和合作讨论为前提，以现行教材为基本探究内容，为学生提供充分自由表达、质疑、讨论、探究问题的机会。学生通过个人、小组等多种形式的解难释疑的尝试活动，应用所学知识解决实际问题。探究式教学模式的实施和研究在高校实验教学中的不断深入，逐渐成为"创新人才培养"的重要环节之一。

　　设计实验课题应根据建构主义学习的教学原则，教师应充分尊重学生的自学能力，让学生在已学习理论课程、已有实验操作能力的基础上发现问题、分析问题并解决问题。教学模式的程序应该为：教学过程由教师给出特定情境，把握学生实验课题的难度，使每个学生参与思考、操作，并按照"实验—假说—推理—实验—理论（新）"的学科发展方式解决设立的问题。

　　教师作为探究式课堂教学的导师，其任务是调动学生的积极性，促使他们自己去获取知识、发展能力，做到自主发现问题、分析问题、解决问题。学生作为探究式课堂学习的主人，应该根据教师提供的条件，明确探究的目标，思考探究的问题，掌握探究乃至科学研究的方法。因此，探究式课堂教学是教师和学生双方都参与的活动，他们分别以导师（教学主体）和主人（学习主体）的身份进入探究式课堂。

实验7.1 植物促生性芽孢杆菌缓解水稻受土壤镉胁迫的作用*

贾雨田 李雨彤 李祺 雷雨
指导教师：杨志伟
（首都师范大学，生命科学学院）

【摘要】本文目的是探究阿氏芽孢杆菌T61的植物促生性及钝化土壤镉离子进入水稻植株的能力。研究方法：通过微量稀释等方法测定菌株对镉离子的耐受性和吸附性；利用绿色荧光蛋白标记的T61观察菌株在水稻植株上的定殖；分别采用Salkowski法、刃天青法和钼锑抗法测定T61菌株合成吲哚乙酸、铁载体和溶解无机磷的能力；通过浸种法测定T61菌剂对水稻种子萌发和幼苗生长的影响；通过蘸根法和大田实验，观察T61菌剂对水稻植株镉含量的影响。研究结果：阿氏芽孢杆菌T61具有较强的镉耐受性，最大耐受浓度为500mol/L；一定条件下1g/mL T61菌体对于镉离子的吸附力可以达到50%；T61菌株可以合成吲哚乙酸和铁载体，具有溶解无机磷的能力；在镉胁迫下，T61菌剂可以促进水稻幼根的生长；在大田实验中，T61菌剂的蘸根处理可以使日本晴水稻植株的镉含量降低。研究结论：阿氏芽孢杆菌T61是一种植物促生性细菌，其可以定殖于水稻根部，钝化土壤中镉离子，降低水稻植株的镉含量，在镉污染稻田的微生物修复方面具有较好的应用前景。

【关键词】重金属污染；微生物修复；芽孢杆菌；促生性

镉（Cd）是生物体非必需元素，由于其在环境中具有很强的迁移性及对人体的高度危害性而被列为《国家重金属污染综合防治"十二五"规划》重点关注的5大重金属污染元素之一。镉可以通过土壤环境在农作物中积累，并通过食物链危害人类健康和生命。水稻是一种易于富集镉离子的作物。调查结果显示，我国稻米镉的超标比例高达10.0%。稻田镉污染已威胁到我国的粮食安全。

在针对重金属污染土壤的修复技术中，生物修复技术利用植物、动物和微生物的代谢活动对污染物进行结合、吸附、吸收、转化，以达到净化环境污染的目的。常用于土壤重金属修复的菌株有菌根真菌、假单胞菌、芽孢杆菌等，其中芽孢杆菌（*Bacillus*）因具有较高的环境兼容性，对重金属离子有较强的吸附性，且可以改善土壤理化性质，在重金属污染土壤修复方面的发展前景十分广阔。同时，芽孢杆菌也是常见的植物根际促生菌（PGPR），可以通过合成吲哚乙酸、铁载体及溶解无机磷等，促进植物的生长。

阿氏芽孢杆菌（*Bacillus aryabhattai*）T61是一种对于电离辐射、UV和重金属镉离子等胁迫条件具有很强的耐受性的菌株。本研究对菌株T61的镉离子耐受性、吸附性及植物促生性进行了测定，利用绿色荧光蛋白标记的T61观察其在水稻植株上的定殖，并测定了T61菌剂对水稻种子萌发和幼苗生长的作用，最后通过大田实验分析施加T61菌剂对水稻植株镉含量的影响。

---

* 本论文于2018年获第二届全国大学生生命科学竞赛一等奖，第四届北京市大学生生物学竞赛一等奖。

1 材料与方法

1.1 实验材料

(1) 供试菌株：阿氏芽孢杆菌（*Bacillus aryabhattai*）T61，绿色荧光标记的阿氏芽孢杆菌 T61。

(2) 水稻品种：野生型日本晴（*Oryza. sativa* L. spp. *japonica*），博 B（珍汕 97B/ 钢枝占的杂交后代）。

1.2 实验方法

1.2.1 菌株 T61 对镉离子耐受性的测定

采用微量稀释法（96 孔板法）测定菌株对镉离子的最小抑制浓度（MIC）。采用平板培养法测定菌株对镉离子的最大抑制浓度（MTC）。

1.2.2 菌株 T61 对镉离子的吸附性测定

配制含 0.5mg/L、1mg/L、2mg/L 的 $CdCl_2$ 细菌培养液，并以一定比例加入菌体（1.0g/L），振荡培养，定时收集上清液，用 ICP-MS（电感耦合等离子体质谱仪）测定溶液中剩余的 Cd^{2+} 离子含量，计算菌体对镉离子吸附率。

1.2.3 菌株 T61 合成植物促生性物质的测定

分别采用 Salkowski 法、刃天青法和钼锑抗法测定 T61 菌株合成吲哚乙酸、铁载体和溶解无机磷的能力。

1.2.4 菌株 T61 在水稻植株上的定殖实验

取水稻幼苗，用阿氏芽孢杆菌 T61-EGFP 菌液浸泡根部 20min，随后将幼苗转移至含镉土壤（1mg/kg）中培养，分别在第 15 天和第 30 天取出植株，清洗消毒。选取根和茎纵向切成 5mm 小段，置于载玻片上，用倒置显微镜在激发蓝光下观察。

1.2.5 菌株 T61 对水稻种子萌发的影响

采用浸种法处理日本晴种子，将种子消毒后，于蒸馏水中 30℃培养箱中暗处催芽 12h。之后用 T61 饱和菌剂浸种 12h。将种子转移至铺有两层无菌试纸的培养皿中，加入一定浓度的 $CdCl_2$ 溶液（0~80μmol/L），置于光照培养箱中培养。在培养至第 4 天时计算发芽率、相对发芽率，在第 14 天记录并统计实验组及对照组水稻幼苗的株高、根长。

1.2.6 大田条件下 T61 菌剂对水稻植株镉含量的影响

在湖南杂交水稻所醴陵实验基地（土壤镉含量 1mg/kg），用阿氏芽孢杆菌 T61 饱和菌液对日本晴和博 B 两个品种的水稻幼苗进行蘸根处理 20min，在插秧后第 30 天，取营养生长期的水稻植株各 5 株，采集根、茎和叶作为实验材料，采用 ICP-MS 测定植株的镉含量。

2 结果与分析

2.1 菌株 T61 对镉离子的耐受性

采用微量稀释法（96 孔板法）和平板培养法测定菌株 T61 对 Cd^{2+} 的最小抑制浓度（MIC）和最大耐受浓度（MTC），结果表明 T61 对 Cd^{2+} 的 MIC 为 80μmol/L，MTC 为 500μmol/L，说明菌株 T61 对镉离子具有较强耐受性。

2.2 菌株 T61 对镉离子的吸附性

菌株 T61 对 Cd^{2+} 的吸附性如图 7.1.1 所示。当培养 24h 后，在各 Cd^{2+} 浓度下 T61 菌株对 Cd^{2+} 的吸附率均在 50% 左右。说明菌株 T61 对于镉离子具有一定的吸附性。

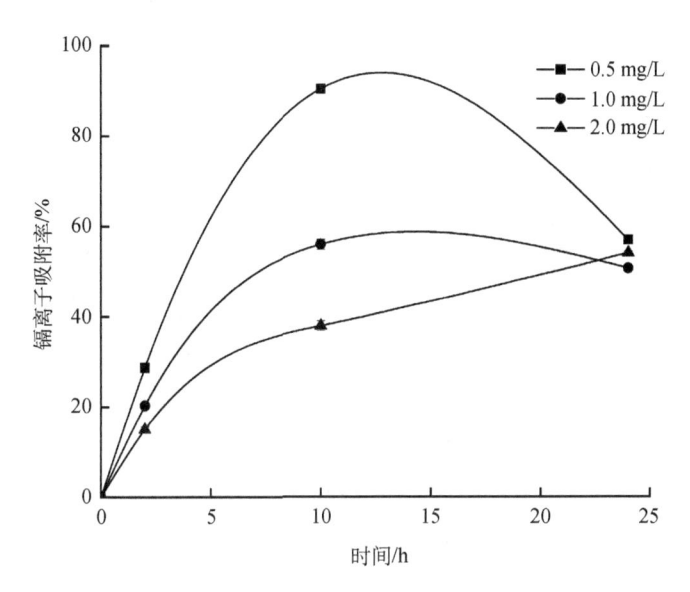

图 7.1.1　阿氏芽孢杆菌 T61 对镉离子的吸附率

2.3　菌株植物促生性测定

如图 7.1.2 所示，菌株 T61 在 7d 内可持续有效分泌吲哚乙酸（indole-3-acetic acid，IAA），IAA 产量维持在 4~6μg/mL。菌株 T61 还可以合成铁载体，在第 2 天合成铁载体的量达到最大值，为 46.5μmol/L。菌株 T61 对无机磷有较好的溶解能力。在 8d 时溶磷量接近最高峰，在 35~40μg/L。

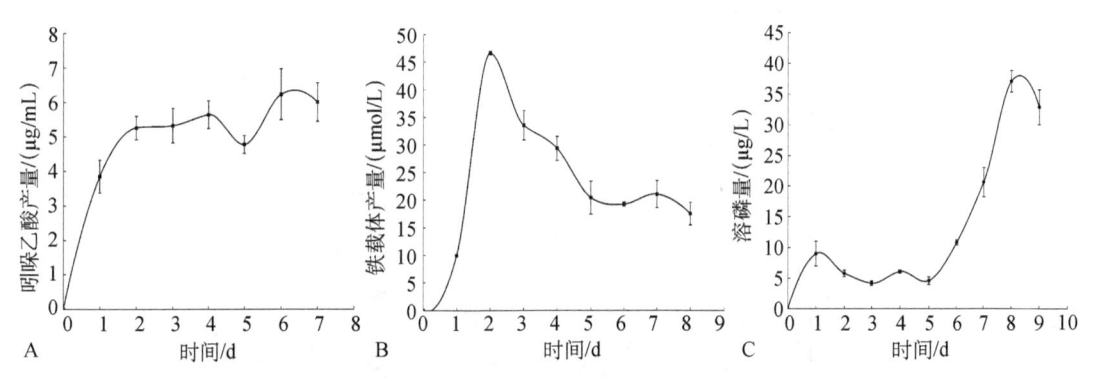

图 7.1.2　阿氏芽孢杆菌 T61 合成 IAA（A）、铁载体的产量（B）和溶磷能力（C）

2.4　菌株水稻定殖情况的定性观察

采用绿色荧光蛋白标记的阿氏芽孢杆菌 T61 菌株，证实 T61 可在日本晴和博 B 两个水稻品种的植株内有效定殖（数字资源 7.1.1）。T61 菌剂蘸根处理 15d 后，标记的 T61 菌株定殖在水稻根部（图 7.1.3A）。处理 30d 后，在水稻幼苗茎部的中央髓部维管束也观察到绿色荧光标记的菌体（图 7.1.3B，b）。这一结果表明阿氏芽孢杆菌 T61 在侵入植物体内后，可通过根部皮层细胞间隙进入维管束，并在蒸腾拉力或其他因素（如细菌鞭毛运动、水流等）的影响下，沿维管束系统纵向移动，由植株地下部分向地上部分迁移或扩散。

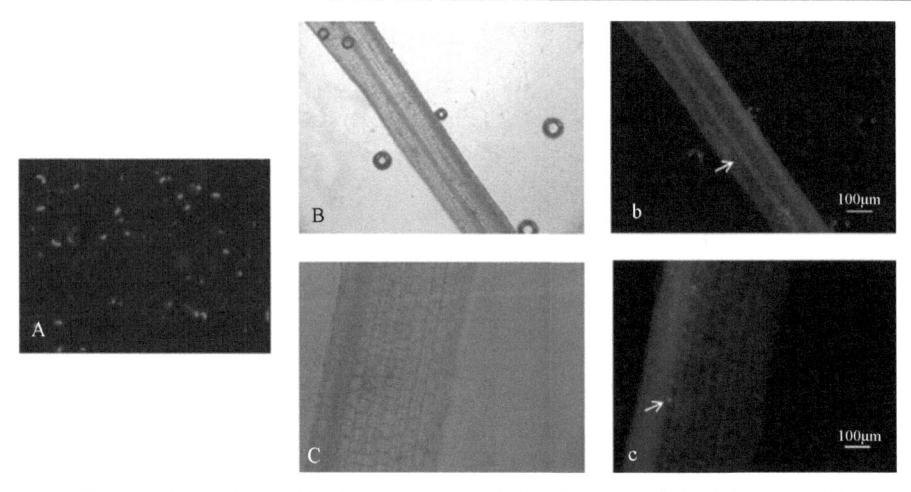

图 7.1.3　荧光倒置显微镜观察 T61-EGFP 在日本晴和博 B 植株上的定殖情况

A. T61-EGFP（放大 400 倍）；B，b. 博 B 根（放大 100 倍）；C，c. 日本晴茎部（放大 100 倍）

2.5　菌株 T61 对水稻种子萌发和幼苗生长的影响

2.5.1　T61 菌剂处理对日本晴种子萌发率的影响

在 0～80μmol/L $CdCl_2$ 处理后，随着镉离子浓度的提高，菌剂 T61 浸种处理对于种子的萌发率没有明显的影响（图 7.1.4）。

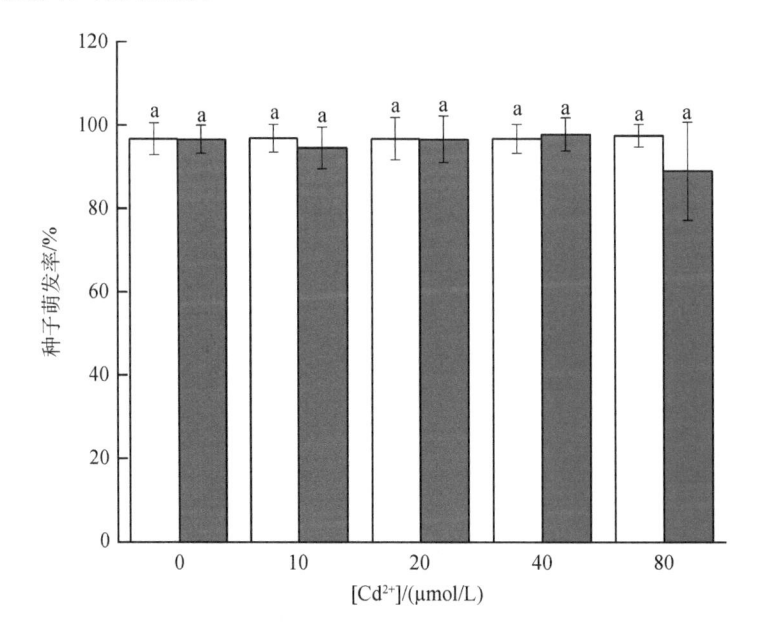

图 7.1.4　T61 菌剂处理对日本晴种子萌发率的影响

单因素方差分析，同字母代表无显著差异

2.5.2　T61 菌剂处理对日本晴幼苗根长及株高的影响

对镉胁迫条件下生长 14d 的日本晴幼苗的根长和株高进行测定，结果表明，经过 T61 浸种处理的实验组根长均高于对照组的根长，表明阿氏芽孢杆菌 T61 对水稻根部生长有促进作用，但施加菌剂对于幼茎株高的促进作用并不显著（图 7.1.5）。

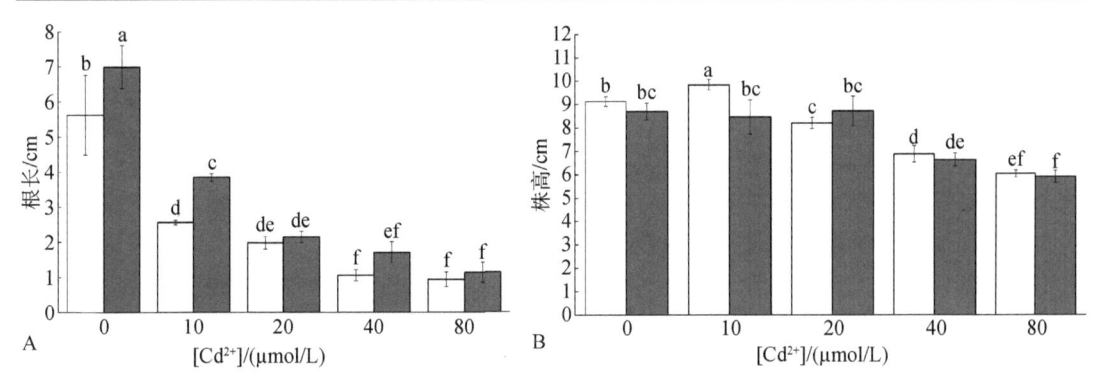

图 7.1.5　T61 菌剂处理对日本晴幼苗根长（A）和株高（B）的影响

单因素方差分析，不同字母代表有显著差异，同字母代表无显著差异

2.6　大田条件下 T61 菌剂对水稻植株镉含量的影响

如图 7.1.6 所示，T61 菌剂蘸根处理后，日本晴根、茎和叶中的镉含量与对照相比分别下降 3.5%、26.9% 和 11.4%。这说明 T61 菌剂对于 Cd^{2+} 向茎、叶部的迁移起到一定的阻隔效应。在博 B 中，菌剂处理后，根和茎的镉含量仅分别下降 3.2% 和 5.8%，而叶的镉含量甚至高于对照组。这说明 T61 菌剂不能有效地阻隔 Cd^{2+} 进入博 B 体内。T61 菌剂对日本晴和博 B 两个品种的效应不同，推测与水稻品种的基因型和根际微生态有关。

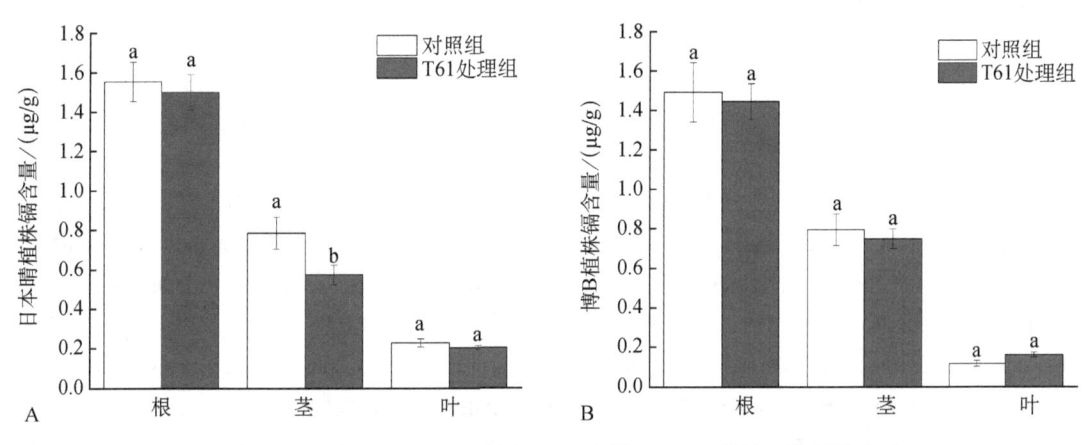

图 7.1.6　T61 菌剂处理对日本晴（A）和博 B（B）植株镉含量的影响

单因素方差分析，不同字母代表有显著差异，同字母代表无显著差异

3　讨论

本研究表明阿氏芽孢杆菌（*Bacillus aryabhattai*）T61 具有较强的镉离子耐受性，并在一定条件下可对镉离子进行有效吸附。在大田实验中 T61 菌剂表现出一定的钝化土壤中镉离子的能力，从而降低了水稻植株对于重金属元素的富集。因此，阿氏芽孢杆菌 T61 在镉污染稻田的微生物修复方面具有较好的应用前景。

目前用作土壤修复剂的芽孢杆菌有枯草芽孢杆菌、巨大芽孢杆菌、胶质芽孢杆菌、梭状芽孢杆菌等。一些研究报道了芽孢杆菌对镉污染区水稻生长和品质的影响。李辉等（2010）在沈阳张士灌区镉污染的农田中筛选出 1 株梭状芽孢杆菌 SY，该菌可以显著提高镉胁迫下水稻种子的发芽率。本研究所用阿氏芽孢杆菌 T61 在镉胁迫条件下对水稻种子的萌发率没有明显影响，但可以促进幼根的生长，说明菌剂 T61 具有一定的解毒作用，可以减轻镉胁迫，促进水稻根的发育。

Suksabye 等（2016）发现施加枯草芽孢杆菌可使水稻种子镉含量下降 60%。Li 等（2017）发现巨大芽孢杆菌 H3 可以固定土壤中的镉离子，并使水稻根、地上组织和种子中的镉含量分别下降 25%、20%和 60%。Treesubsuntorn 等（2017）发现根灌枯草芽孢杆菌等菌剂，可以降低水稻根、地上部分和种子中的镉含量，并促进水稻植株的生长。本研究采用大田实验，发现 T61 菌剂蘸根处理后，可使日本晴的根、茎、叶含镉量皆有所下降，但对另一个水稻品种博 B 植株的含镉量没有明显影响，说明 T61 菌剂对不同水稻品种的阻镉效应不同，这可能与水稻品种的基因型、水稻根际的微生态有关。

在未来的研究中，我们将进一步分析施加菌剂对水稻根际微生物群落的影响，探讨芽孢杆菌与其他菌剂联合修复稻田镉污染的可能性，为揭示水稻—根际细菌—重金属元素的互作机理、提升镉污染区水稻产量和品质做出贡献。

【参考文献】

陈卫平，杨阳，谢天，等. 2018. 中国农田土壤重金属污染防治挑战与对策. 土壤学报，55（3）：261-272

冯玮，张蕾，宣慧娟，等. 2016. 西藏土壤中耐辐射阿氏芽孢杆菌 T61 的分离和鉴定. 微生物学通报，43（3）：488-494

李辉，闫萌，李丽丽，等. 2010. 蜡状芽孢杆菌 SY 的筛选、鉴定及对镉胁迫下水稻种子萌发的影响. 安全与环境学报，10（5）：11-14

李薇. 2015. 农田镉污染的危害及其修复治理方法. 粮油加工（电子版），9：62-64

吴耀楣. 2013. 中国土壤重金属污染修复技术的专利文献计量分析. 生态环境学报，22（5）：901-904

余劲聪，何舒雅，曾润颖，等. 2016. 芽孢杆菌修复土壤重金属镉污染的研究进展. 广东农业科学，43（1）：73-78

Li Y，Pang H D，He L Y，et al. 2017. Cd immobilization and reduced tissue Cd accumulation of rice（*Oryza sativa* wuyun-23）in the presence of heavy metal-resistant bacteria. Ecotoxicol Environ Saf，38：56-63

Ma Y，Prasad M N，Rajkumar M，et al. 2011. Plant growth promoting rhizobacteria and endophytes accelerate phytoremediation of metalliferous soils. Biotechnol Adv，29（2）：248-258

Suksabye P，Pimthong A，Dhurakit P，et al. 2016. Effect of biochars and microorganisms on cadmium accumulation in rice grains grown in Cd-contaminated soil. Environ Sci Pollut Res，23（2）：962-973

Treesubsuntorn C，Dhurakit P，Khaksar G，et al. 2017. Effect of microorganisms on reducing cadmium uptake and toxicity in rice（*Oryza sativa* L.）. Environ Sci Pollut Res，25（26）：25690-25701

Yan Y，Zhang L，Yu M Y，et al. 2016. The genome of *Bacillus aryabhattai* T61 reveals its adaptation to Tibetan Plateau environment. Genes Genom，38：293-301

实验 7.2 植物"类神经系统"传递伤害信号的探索研究*

刘禹卿　王晓　蒋亚云　陈洁婷
指导教师：李乐攻　侯聪聪
（首都师范大学，生命科学学院）

【摘要】 植物对多种外界刺激做出反应，此时细胞内的离子浓度会迅速变化，导致相邻细胞膜电势变化及胞内离子浓度变化，由此产生可以传递的电信号，与动物的神经细胞反应类似。本研究利用可记录动作电位的离子荧光指示器（GCaMP6s）观察植株长距离的电信号变化，发现了4种不同的传递模式：①只用水处理时，长距离的电信号较弱，较缓慢地沿叶片的生长顺序传递，约为2000s。②当用强酸处理时，电信号首先会从损伤处传递至附近的叶片，再传递至相邻叶片，大约需要800s。③当用强碱处理时，信号传递至整个叶片的速度较慢，但从损伤处迅速传递至附近的叶片，再传递至相邻的叶片，从处理到信号传递至整个植株大约需要1500s。④在损伤叶片的一部分时，信号会先传递至植物体中心，之后再传递至整个植株，大约需要1300s；当切除整个叶片时，信号同样会先传递至植物体中心，但是之后会快速传递至相邻的叶片，之后再传递至其他叶片，大约需要900s。这暗示伤害信号类型不同，反应差异迥异，植物对温和刺激（水）最不敏感，应对强酸反应迅速，应对强碱反应较慢，在应对不同类型的机械损伤时会有不同的反应方式。

【关键词】 拟南芥；化学损伤；机械损伤；离子荧光指示器；长距离信号转导

1 背景

地球上的生物依靠感觉或神经系统感受或享受色彩斑斓的世界，应对恶劣环境或灾难。多细胞动物依靠特化的神经系统快速地感受、传递外界的信号，经过加工、整合做出及时有效的反应。植物作为多细胞生物，也进化出特定功能的组织和器官，各器官和组织之间也需要功能协调，同时应对逆境胁迫（Choi et al.，2016）。与动物的细胞反应类似，植物细胞也是通过细胞内的钙离子浓度的快速变化做出反应，胞内钙离子作为第二信使在离子信号的传递过程中起到了至关重要的作用，几乎参与了所有生理过程，如控制细胞的生长发育、细胞运动、伤害或其他逆境反应中（Himschoot et al.，2015；Dodd et al.，2010；Steinhorst and Kudla，2014），钙离子在细胞内会形成特定的振荡，将细胞内、外的刺激，以特定的电信号形式在细胞质内"发射"，导致相邻细胞膜电势变化或胞内离子浓度变化，由此产生可以传递的电信号。早期人们通过表面电极记录叶片电信号的变化，发现植物在受机械损伤后，受损伤叶片表面发生创伤激活的表面电位变化现象（wound-activated surface potential changes，WASPs），电信号可由切口扩散至周围叶片，这一信号与害虫啃噬效果类似。最近有人报道谷氨酸受体分子可能在植物虫害的信号转导过程中起到了重要的作用，并发现了部分维管组织参与了此信号的传递（Mousavi et al.，2013；Toyota et al.，2018），这些研究为本项目的顺利实施提供了很好的线索，植物是否存在与动物类似的、相对快速的电信号传递系统（或类神经系统）证据有限，化学伤害信号的长距离传递未见报道。

---

* 本论文于2019年获第三届全国大学生生命科学竞赛一等奖，第五届北京市大学生生物学竞赛一等奖。

在动物的神经网络研究中，离子荧光指示器（GCaMP6s）已得到了广泛的应用，这些离子荧光指示器通过与电生理学测定的指标对比，可以很好地将离子信号转化为可视化的高保真荧光信号（Chen et al.，2013），这一可以用于动物神经动作电位测定的有力工具，也使得直接实时观察植株整体的电信号变化成为可能。本课题将从动、植物细胞离子信号的本质同源的基础出发，首先获得了 GCaMP6s 转基因植株，随后化学伤害处理转基因植株，直接实时观察它们的电信号变化，现将初步结果报道如下。

2 实验方法

水、酸、碱刺激与机械损伤的荧光检测过程如下所示。

（1）将长出 6 片真叶的转基因拟南芥植株置于荧光体视显微镜（ZEISS SteREO Discovery.V20）下，使用 1.0×目镜观察，放大倍数为 7.5 倍，汞灯（X-Cite SERIES 120Q）作为激发光源。通过 Andor Zyla 4.2 PLUS 高速 sCMOS 相机进行数据的采集，曝光时间为 300ms，每间隔 1s 记录一张照片。

（2）将野生型及稳定表达 GCaMP6s 的拟南芥植株分次放在荧光体视显微镜下，在叶片上滴加 1.5μL 无菌水，观察记录荧光强度的变化。此试验用来分析植株在受到水滴接触时的信号传递。

（3）将野生型及稳定表达 GCaMP6s 的拟南芥植株分次放在荧光体视显微镜下，在叶片上滴加 1.5μL 12.5% HCl，观察记录荧光强度的变化。此试验用来分析植株在受到强酸损伤时的信号传递。

（4）将野生型及稳定表达 GCaMP6s 的拟南芥植株分次放在荧光体视显微镜下，在叶片上滴加 1.5μL 1mol/L KOH，观察记录荧光强度的变化。此试验用来分析植株在受到强碱损伤时的信号传递。

（5）将野生型及稳定表达 GCaMP6s 的拟南芥植株分次放在荧光体视显微镜下，对叶片进行机械损伤，观察记录荧光强度的变化。此试验用来分析植株在受到机械损伤时的信号传递。

3 结果

3.1 拟南芥 GCaMP6s 转基因植物的获得及观察

通过形态学比较，我们发现植物的维管束组织与动物的神经系统从形态结构上来看更加相似，因此我们初步猜测植物的类神经系统很有可能就是维管束组织。我们利用农杆菌侵染的方法获得了稳定表达离子指示器 GCaMP6s 的拟南芥植株（之前已完成），在后续实验中验证植物的维管束组织是否具有传递电信号的功能。我们将大小长势合适的拟南芥植株放置在荧光体视显微镜下观察记录，并按照其叶片的生长顺序进行编号，第一片长出的真叶为 1 号叶片。

3.2 拟南芥受到水刺激时离子信号的传递

在预实验中，我们将 1.5μL 灭菌水滴在野生型拟南芥的 1 号叶片上，观察 25min 后，发现野生型拟南芥植株整体荧光强度并无明显变化，说明水并不会引起植物的自发荧光，由此排除该系统的背景因素。之后我们又将 1.5μL 灭菌水滴加到稳定表达 GCaMP6s 的拟南芥植株的 1 号叶片上，发现在滴加水 220s 后，1 号、2 号叶片的荧光强度上升，并沿维管束向下传递；在 635s 时，6 号叶片的叶尖处荧光强度明显地升高；在 788s 时，3 号叶片的荧光强度也有升高；最后在 1096s 时，4 号、5 号和 6 号叶片的荧光强度上升较为明显（图 7.2.1，数字资源

7.2.1)。温和刺激（水）所产生的刺激信号会沿叶片的生长顺序，从老叶向新叶方向传导。

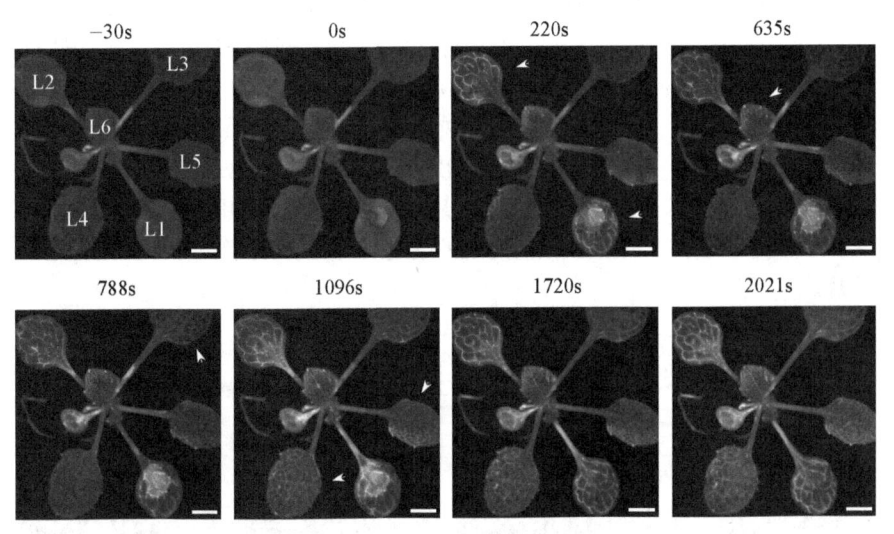

图 7.2.1 水处理时 GCaMP6s 转基因拟南芥植株的荧光强度变化
白色箭头为荧光强度产生明显变化的叶片；标尺为 2mm

3.3 拟南芥受到强酸伤害时离子信号的传递

与无菌水处理一样，我们先将 1.5μL 12.5% HCl 滴加在野生型拟南芥的 1 号叶片上，观察 25min 后，发现野生型拟南芥整体荧光强度并无明显变化，说明 HCl 并不会引起植物的自发荧光。之后我们又将 1.5μL 12.5% HCl 滴加到稳定表达 GCaMP6s 的拟南芥植株的 1 号叶片上，发现在滴加 HCl 120s 后，1 号叶片的荧光强度上升，并快速沿维管束向下传递；在 173s 时，距离 1 号叶片最近的 3 号和 5 号叶片的荧光强度有较为明显的升高；在 179s 时，3 号和 5 号叶片中间的小叶片的荧光强度也有明显升高；之后荧光强度升高的叶片依次为 2 号、4 号、6 号叶片（图 7.2.2，数字资源 7.2.2）。强酸所产生的伤害信号会先传递给离损伤叶片最近的叶片。

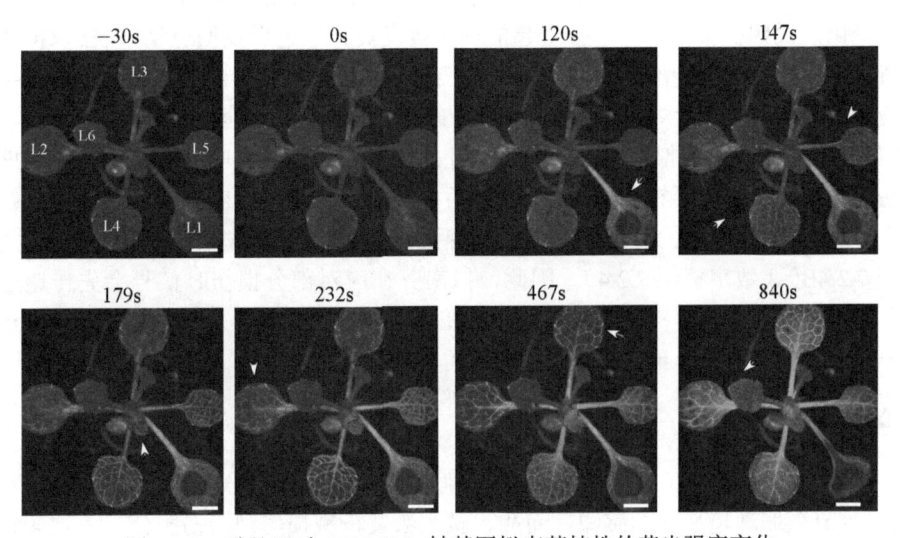

图 7.2.2 酸处理时 GCaMP6s 转基因拟南芥植株的荧光强度变化
白色箭头为荧光强度产生明显变化的叶片；标尺为 2mm

3.4 拟南芥受到强碱伤害时离子信号的传递

我们将 1.5μL 1mol/L KOH 滴加在野生型拟南芥的 1 号叶片上，观察 25min 后，发现野生型拟南芥植株开始萎蔫，整体荧光强度并无明显变化，说明 KOH 并不会引起植物的自发荧光。随后，我们将 1.5μL 1mol/L KOH 滴加到稳定表达 GCaMP6s 的拟南芥植株的 1 号叶片上，发现在滴加 KOH 1110s 后，1 号叶片的荧光强度上升，并快速沿维管束向下传递；在 1134s 时，离 1 号叶片最近的 3 号叶片的荧光强度有较为明显的升高；在 1149s 时，离 1 号叶片同样比较近的 5 号叶片荧光强度也有明显升高；之后荧光强度升高的叶片依次为 2 号、4 号、6 号叶片（图 7.2.3，数字资源 7.2.3）。强碱所产生的伤害信号与强酸相似，都会先传递给离损伤叶片最近的叶片。

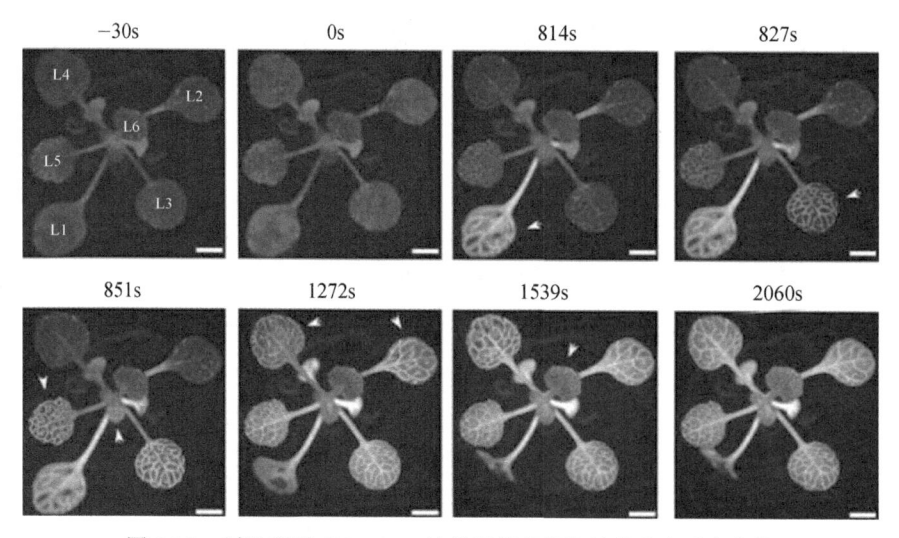

图 7.2.3 碱处理时 GCaMP6s 转基因拟南芥植株的荧光强度变化
白色箭头为荧光强度产生明显变化的叶片；标尺为 2mm

3.5 拟南芥受到机械损伤害时离子信号的传递

首先我们对野生型拟南芥的 1 号叶片进行机械损伤，观察 25min 后，发现其整体荧光强度并无明显变化，说明机械损伤并不会引起植物的自发荧光。之后我们对稳定表达 GCaMP6s 的拟南芥植株的 1 号叶片进行部分损伤，发现在损伤 35s 后 1 号叶片的荧光强度上升，并沿维管束向下传递至植物体中心，之后再传递至整个植株，整体时间相对较长（图 7.2.4A）。最后我们将稳定表达 GCaMP6s 的拟南芥植株的 1 号叶片切除，发现 1 号叶片叶柄处荧光强度快速升高，并沿维管束向下传递至植物体中心；23s 后，距离最近的 6 号叶片荧光强度升高；在之后的 47s 时，3 号、4 号叶片的荧光强度依次快速上升；最后荧光强度上升的依次为 2 号、5 号叶片（图 7.2.4B）（数字资源 7.2.4）。因此，拟南芥在应对部分损伤时信号会先传递至植物体中心，之后再传递至整个植株，但时间较长。在切除整个叶片时，信号同样会先传递至植物体中心，但是之后会快速传递至相邻叶片，最后再传递至其他叶片。

4 结论

（1）植物对温和刺激（水）、强酸刺激、强碱刺激及机械损伤均可产生信号，温和刺激（水）是对外界微弱环境变化的感知，而酸、碱刺激及机械损伤则为伤害信号，这 4 种信号以不同的方式进行传导。

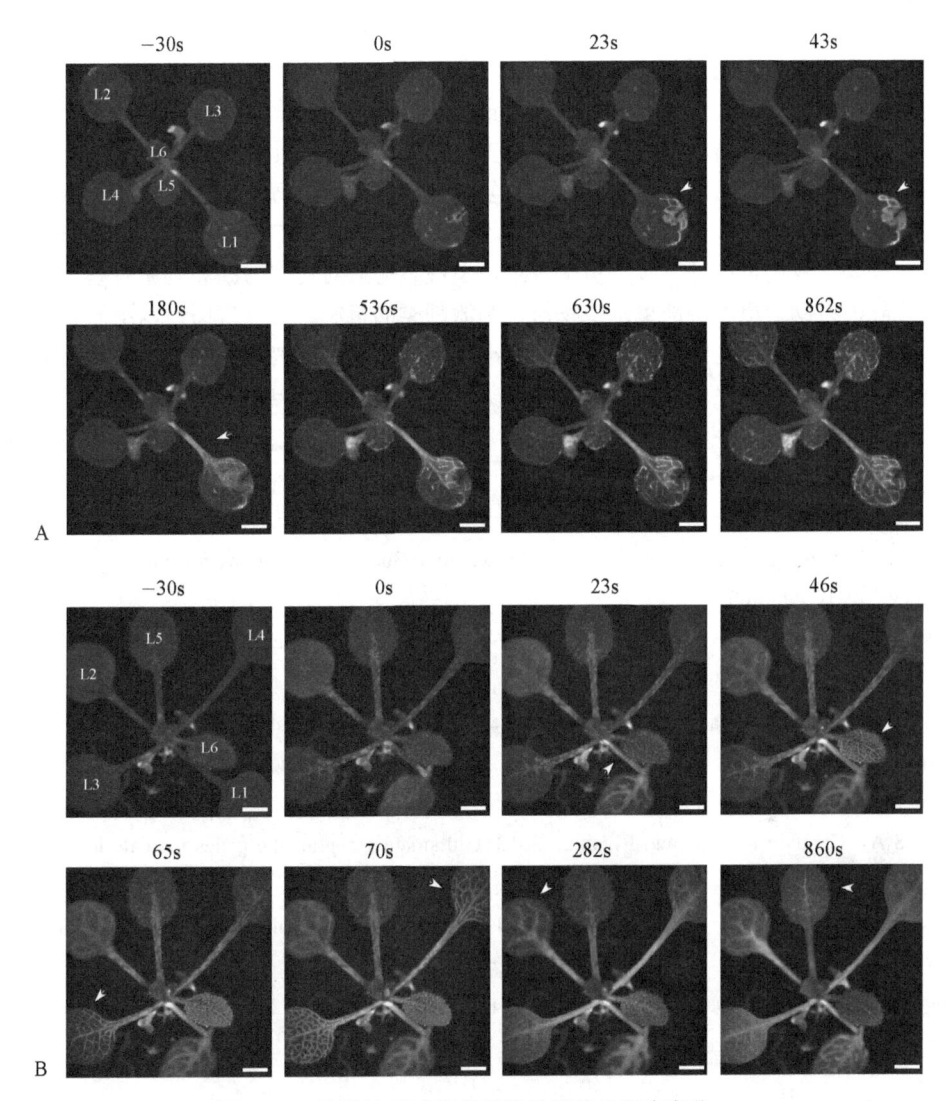

图 7.2.4　机械处理时拟南芥植株的荧光强度变化

A.损伤叶片的一部分时，GCaMP6s 转基因拟南芥植株的荧光强度变化；B.切除整个叶片时，GCaMP6s 转基因拟南芥植株的荧光强度变化；白色箭头为荧光强度产生明显变化的叶片；标尺为2mm

（2）从信号传递顺序来看，植物在应对温和刺激（水）时，产生的信号沿叶片生长的顺序传递，推测这可能与叶片中钙离子的分布有关，老叶片钙离子含量较多，更利于其信号的传递；而在应对强酸、强碱刺激及切除整个叶片时，产生的信号主要沿损伤叶片相邻的叶片传递。

（3）从信号传递速度来看，植物对温和刺激（水）最不敏感，传递时间较长。强酸、强碱刺激两相比较而言，植物对强酸刺激更为敏感，信号产生与传递速度较为迅速；植物对强碱刺激不如强酸敏感，信号产生与传递速度都较为缓慢。当机械损伤拟南芥部分叶片时，其信号传递速度较为缓慢；然而在切除拟南芥整个叶片时，信号会快速传递至相邻的叶片，之后再传递至其他叶片。

5 讨论及展望

我们利用离子荧光指示器 GCaMP6s 使植物受到伤害时的反应可视化，以此来探究植物体传递伤害信号的方式及速度。由于 GCaMP6s 的荧光强度受到植株状态、外界环境、拍摄焦距等多种因素干扰，目前所观察到荧光强度的变化误差较大。因此在初步发现接触性与伤害性刺激产生伤害信号的差异后，我们需要加大重复实验的数量，对每一种伤害信号分析统计多次实验荧光强度曲线，确定其荧光强度变化大致趋势，尽可能降低实验的误差。由于伤害信号传递方式存在差异，我们可以进一步分析转录组，发现参与应对伤害与温和刺激时基因表达种类、数量的差异，有助于更深层地揭示植物辨别刺激种类的机制。另一方面，以不同刺激下植物信号的传递方式与基因表达的趋势特征作为标准，有助于研究植物在多种刺激下辨别出何种为伤害性刺激，何种为温和性刺激，为探索植物类神经结构离子或电信号传递特点提供一些可靠的实验数据及思路。

【参考文献】

Chen T W，Wardill T J，Sun Y，et al. 2013. Ultrasensitive fluorescent proteins for imaging neuronal activity. Nature，499：295-300

Choi W G，Hilleary R，Swanson S J，et al. 2016. Rapid，long-distance electrical and calcium signaling in plants. Annu Rev Plant Biol，67：287-307

Dodd A N，Kudla J，Sanders D. 2010. The language of calcium signaling. Annu Rev Plant Biol，61：593-620

Himschoot E，Beeckman T，FrimL J，et al. 2015. Calcium is an organizer of cell polarity in plants. Biochim Biophys Acta，1853：2168-2172

Mousavi S A，Chauvin A，Pascaud F，et al. 2013. Glutamate receptor-like genes mediate leaf-to-leaf wound signaling. Nature，500：422-426

Steinhorst L，Kudla J. 2014. Signaling in cells and organisms-calcium holds the line. Curr Opin Plant Biol，22：14-21

Toyota M，Spencer D，Sawai-Toyota S，et al. 2018. Glutamate triggers long-distance，Calcium-based plant defense signaling. Science，361：1112-1115

实验 7.3 哺乳动物细胞中非经典的 DSB 末端修切途径探索*

赵宇煊 刘奕君 高松民 赵梓倩 张华蕊
指导教师：王海龙
（首都师范大学，生命科学学院）

【摘要】双链断裂（DSB）是最严重的 DNA 损伤。DSB 的错误修复会造成基因组的不稳定，导致肿瘤等恶性疾病的发生。CtIP 等蛋白因子驱动的末端修切可在 DSB 末端生成单链 DNA（ssDNA），对于 DSB 的正确修复至关重要。为了探索哺乳动物细胞中是否存在不依赖于 CtIP 的、非经典的末端修切途径，我们利用 CRISPR/Cas9 技术在 U2OS 细胞中实现了 *CtIP* 基因的完全敲除。利用 *CtIP* 敲除细胞株，我们发现哺乳动物细胞中 *CtIP* 缺失后末端修切效率大幅度下调，但仍有部分残余。这说明仍存在不依赖于 CtIP 的末端修切途径。这一途径生成的 ssDNA 仍可支持部分同源重组修复；招募部分 RPA 到损伤位点并将其磷酸化；但对含 CPT 加和物的 DSB 的末端修切能力较弱。这些原创性的工作为最终阐明 DSB 末端修切的分子机制奠定了基础。

【关键词】DNA 双链断裂（DSB）；末端修切；CtIP；CRISPR/Cas9

1 背景知识

基因组的稳定对于生物维持正常的生命活动是必须的，细胞基因组不断地受到内源及外源性因素的影响发生损伤。DNA 双链断裂（double strand break，DSB）是最严重的损伤类型，DSB 修复功能的紊乱会造成基因组 DNA 突变的累积，并最终导致癌症及衰老等恶性疾病的发生。同源重组（homologous recombination，HR）和非同源末端连接（nonhomologous end joining，NHEJ）是细胞中两种主要的 DSB 修复途径。HR 是一种保真型的修复方式，而 NHEJ 则有可能造成各种形式的突变。CtIP 是经典的 DSB 修复因子，通过促进 5′→3′末端修切参与 HR 介导的 DSB 修复。末端修切在决定 DSB 修复通路选择中起关键作用，哺乳动物细胞中是否存在 CtIP 非依赖的末端修切及 HR 途径仍不清楚，这影响了对 DSB 修复机制及与之相关的肿瘤等疾病发生机制的认识。

DSB 5′→3′的末端修切对修复通路的选择具有十分重要的作用。由于这一过程十分保守，近年来，人们在各种模式生物中进行了广泛的研究。在哺乳动物细胞中，目前认为，MRN（Mre11/Rad50/Nbs1）复合物、CtIP、BLM、Exo1、DNA2、SMACARD1 等多个蛋白因子参与了 DSB 的末端修切，机制十分复杂。目前比较被接受的观点是：在起始阶段，核酸酶 Mre11 及 CtIP 起到了十分重要的作用。这一阶段产生的 ssDNA 末端十分有限，不足以介导 HR 修复的链侵入，但对于一些易错的修复方式，如 MMEJ（microhomology-mediated end joining）却是足够的。同时，Mre11/CtIP 有限修切产生的单链末端，对于招募 BLM/Exo1 等长程末端修切（extensive resection）因子是必须的。BLM/Exo1/DNA2/WRN 等因子协同作用，完成 5′→3′末端修切，产生足够长的 3′单链游离末端，可启动保真型的 HR 修复，并且激活 ATR/CHK1 DNA 损伤检验点激酶通路，共同维持基因组的稳定。

---

* 本论文于2019年获第三届全国大学生生命科学竞赛一等奖，第五届北京市大学生生物学竞赛一等奖。

2 实验结果与讨论

2.1 *CtIP* 基因敲除

为了探索哺乳动物细胞中是否存在不依赖于 CtIP 的末端修切，我们需要完成两个主要的任务。一个是在细胞中敲除 *CtIP* 基因；另一个是有效地检测末端修切效率。对于 *CtIP* 基因敲除，我们选用了当前比较流行的 CRISPR/Cas9 介导的基因编辑技术。通过设计 gRNA 序列、合成 DNA oligos、克隆至 PX459 质粒、细胞转染、Western blotting 初筛、单克隆细胞培养等步骤，我们成功得到了 2 个疑似敲除 *CtIP* 基因的单克隆细胞株（图 7.3.1A，#2、#4 泳道）。进一步提取基因组 DNA、PCR 扩增编辑区、高通量测序，我们确定 #4 号克隆为 *CtIP* 纯和缺失，标记为 *CtIP* KO（图 7.3.1B）。用商品化的抗体进一步确认 #4 细胞株确实无 CtIP 表达（图 7.3.1C）（数字资源 7.3.1）。

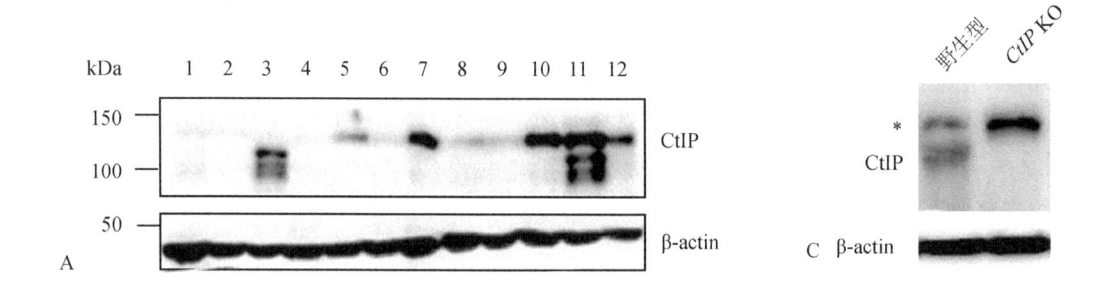

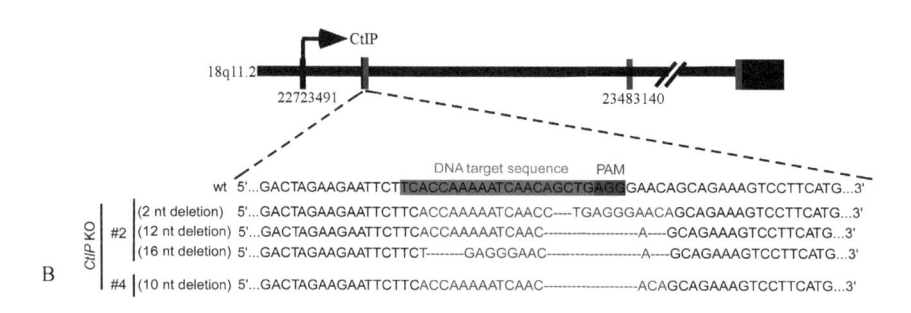

图 7.3.1 *CtIP* KO 细胞株的建立

A.单克隆细胞 Western blotting 初筛结果。CtIP 抗体为支撑实验室自备，#2 及 #4 号克隆疑似 *CtIP* 缺失。B.高通量测序结果。#4 号克隆缺失 10 个碱基，且为纯合缺失。C.#4 号克隆的进一步验证，应用商品化 CtIP 抗体。*表示非特异性条带，*CtIP* KO 细胞中 CtIP 信号完全缺失，说明敲除成功

2.2 同源重组（HR）效率检测

同源重组（HR）修复依赖于末端修切。为了方便初步检测 HR，我们实际上是在含有 DR-EGFP-HR 报告系统的细胞株中开始的 *CtIP* 敲除实验，拿到 *CtIP* KO 细胞株后，我们第一时间检测了 HR 修复效率，并与野生型细胞进行比较（图 7.3.2，数字资源 7.3.2）。从结果看，*CtIP* 敲除后，HR 修复的效率显著下调，但是仍有残余（从野生型的 2.94% 下降到 1.26%）。这说明 *CtIP* KO 细胞中应该仍存在不依赖于 CtIP 的 HR 修复途径，也就是说 CtIP 介导的末端修切应该不是哺乳动物细胞中唯一的末端修切途径，还有其他的分子途径可介导末端修切，进而支持 HR 修复。

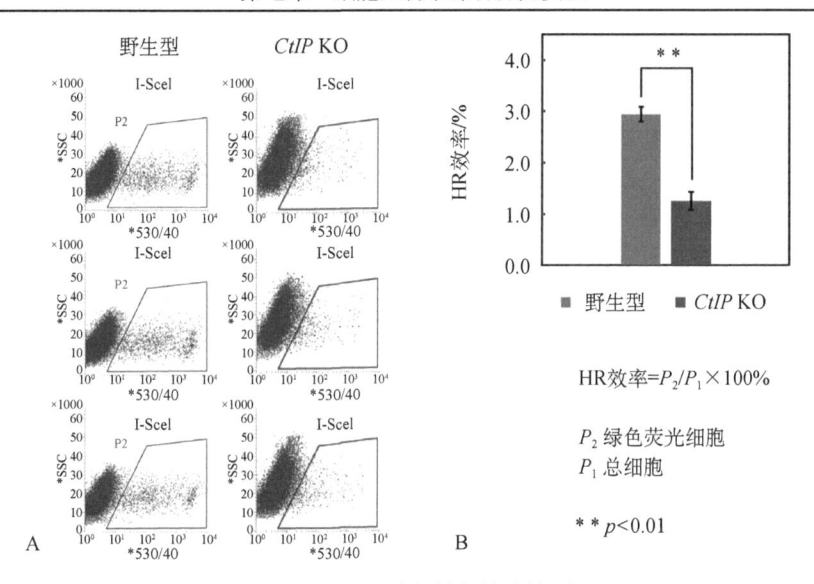

图 7.3.2 同源重组修复效率检测
A. 代表性 FACS 结果图（蓝色框里为含绿色荧光的细胞，HR 阳性）；B. FACS 结果统计图

HR效率 = $P_2/P_1 \times 100\%$

P_2 绿色荧光细胞
P_1 总细胞

** $p<0.01$

2.3 RPA 磷酸化及 RPA 到 DSB 位点的募集

DSB 末端修切产生的 ssDNA 会募集 RPA 形成聚焦点（foci）并将其磷酸化。检测 RPA 磷酸化及形成聚焦点的水平是检测细胞末端修切能力的经典方法（数字资源 7.3.3）。从图 7.3.3A 中，我们可以明显看出 CPT（拓扑异构酶 I 抑制剂）诱导的 RPA 磷酸化水平在 *CtIP* KO 细胞中明显下调，但仍有残余。这说明末端修切的水平在缺失 CtIP 后显著下调，但仍有残余，与 HR 实验检测的结果相一致。RPA 聚焦点结果与此类似，在 *CtIP* KO 细胞中 RPA 聚焦点的形成显著减少（图 7.3.3B）。我们实验中计划用 γH2AX 聚焦点来标识 DSB，以便消除 DSB 生成水平不同造成的实验误差。但是意外地发现 *CtIP* KO 细胞中 γH2AX 聚焦点形成似乎也有一些问题。我们需要做更进一步的实验才能深入分析这一结果，故在此未做定量计数。

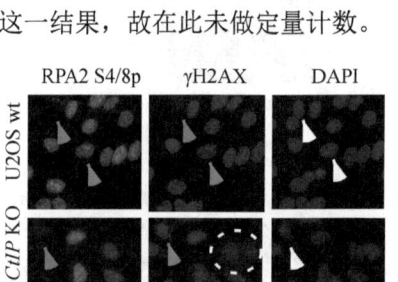

图 7.3.3 间接法检测末端修切
A. DSB 诱导的 RPA 磷酸化检测（RPA2 S4/8p，专一识别 RPA2 S4/S8 位点磷酸化的抗体）；B. 免疫荧光法检测 RPA2 到 DSB 位点的募集。蛋白因子被募集到 DSB 位点后，会形成聚焦点（foci），黄色箭头标识聚焦点阴性细胞，粉色箭头标识聚焦点阳性细胞，白色箭头标识相应的细胞核位置（DAPI 染色细胞核）

2.4 单链 DNA（ssDNA）的直接检测

RPA 磷酸化及 RPA 聚焦点都是间接的末端修切检测方法，实验依赖于抗体的灵敏度，只能定性评估末端修切的程度。我们也尝试运用直接检测 ssDNA 的方法对 *CtIP* KO 后末端修切的程度进行了定量的评估（数字资源 7.3.4）。图 7.3.4A 中显示的是基于 qPCR 的方法，对于单

个位点 DSB 末端修切的检测。利用这种方法我们发现 *CtIP* KO 细胞中的末端修切（相对 ssDNA 含量）明显减弱，但仍有残余。而图 7.3.4B 中显示了 SMART（single molecule analysis of resection tracks）技术利用间接免疫荧光，在全局对末端修切产生的 ssDNA（BrdU track）的检测。在野生型细胞中，CPT 可以诱导出明显的 ssDNA；但是在 *CtIP* KO 细胞中，这种 ssDNA 显著减少，而且减少程度比基于 qPCR 的检测还要显著。但是进行统计学分析发现，*CtIP* KO 细胞加 CPT 前后 ssDNA 的含量仍有显著差异（$p<0.01$）。这说明 CPT 在 *CtIP* KO 细胞中诱导的 DSB 仍能发生一定程度的末端修切，只是末端修切水平很低。

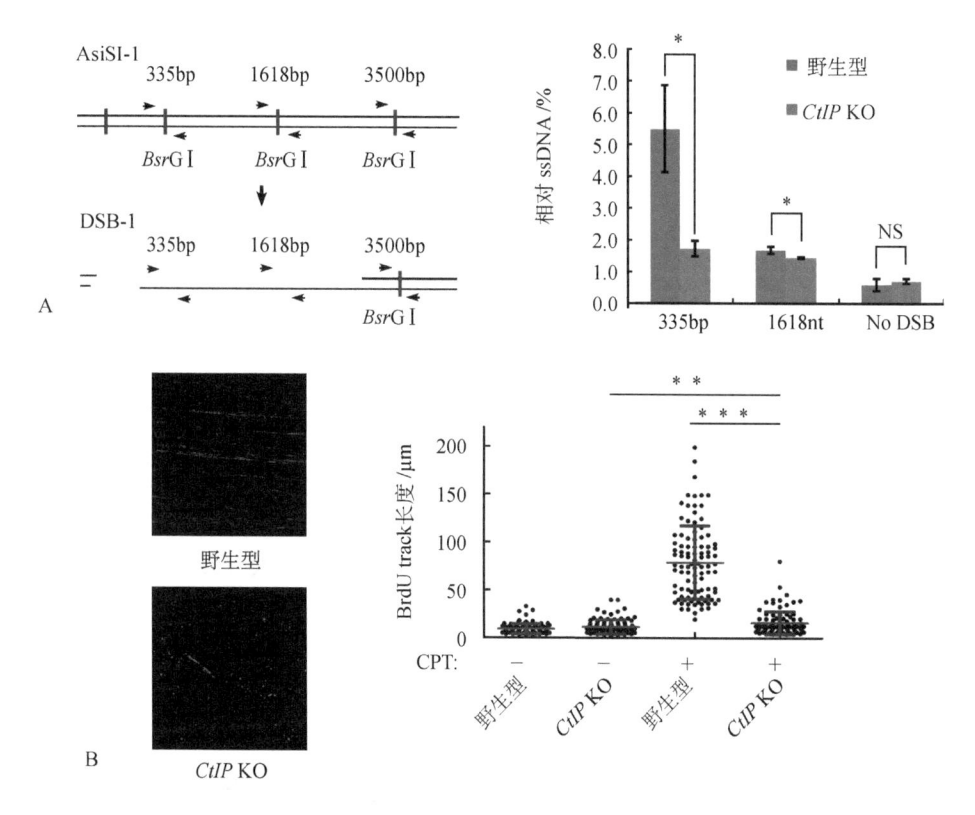

图 7.3.4 直接检测 ssDNA

A.基于 qPCR 的 ssDNA 检测。左：AsiSI-1 内切酶诱导 DSB 及 qPCR 引物示意图。右：qPCR 检测结果。*CtIP* KO 细胞中末端修切（ssDNA 生成）明显减少，但仍有剩余。误差线为 3 次实验平均值。双尾数 t 检验，*代表 $p<0.05$，显著性差异；NS 代表无显著差异。B. SMART 检测 ssDNA。左：BrdU 抗体识别的 ssDNA 线（track）代表性视野。右：BrdU 标记 ssDNA 统计结果。红线为平均值。蓝线为标准差。曼-惠特尼 U 检验（Mann-Whitney U test），**代表 $p<0.01$，***代表 $p<0.001$

2.5 回复表达 CtIP 对末端修切活性的影响

CRISPR/Cas9 介导的基因编辑技术具有一定的脱靶效应，意味着我们看到的 *CtIP* 敲除后的表型可能是由于脱靶效应造成的一些不相关的基因产物的下调，而不仅仅是由于 *CtIP* 基因敲除造成的。为了排除这一潜在的影响，我们在 *CtIP* KO 细胞中单独表达带有 Flag 标签的 CtIP，来检测单一回复表达 CtIP 是否可以回复 DSB 末端修切相关的表型。如图 7.3.5B 所示，在 *CtIP* KO 细胞中单一回复表达 CtIP 后，即可明显回复 CPT 诱导的 RPA 磷酸化水平。这说明基因编辑过程无明显的脱靶效应，或即使有脱靶效应，也对 DSB 末端修切效率无明显的影响，我们关注的表型不是由脱靶效应造成的。

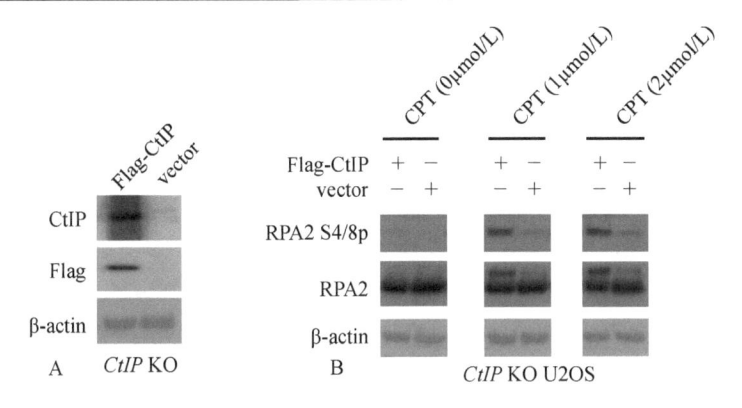

图 7.3.5 *CtIP* KO 细胞中回复表达 Flag-CtIP 后对 DSB 修复及末端修切的影响

A. 慢病毒介导的 Flag-CtIP 在 *CtIP* KO 细胞中的表达情况分析（vector 为只转染空载体的对照）；B. *CtIP* KO 中回复表达 Flag-CtIP 后对 DSB 诱导的 RPA 磷酸化的影响

3 总结与展望

DSB 的末端修切对基因组稳定性的维持至关重要。我们运用 CRISPR/Cas9 技术，在哺乳动物细胞中成功地敲除了末端修切的关键因子 *CtIP* 基因；通过间接（RPA 磷酸化、RPA Foci）及直接地检测（qPCR、SMART）末端修切产物 ssDNA，我们发现 *CtIP* 缺失后，末端修切能力显著下调，但仍有残余。这说明 CtIP 对于末端修切十分重要，但细胞中仍有不依赖于 CtIP 的、非经典的末端修切途径存在。我们实际上制备了更多的 *CtIP* 缺失的单克隆 U2OS 细胞，及缺失 *CtIP* 的 HCT116 细胞，后续需要在这些细胞中进一步验证我们的结论。我们在工作中发现，不同因素造成的 DSB 的末端修切对于 CtIP 的依赖程度会有所差异，这种差异究竟是何种因素造成的，需要进一步地阐明。非 CtIP 依赖的末端修切途径的分子构成、与经典途径的相互关系及对 DSB 修复与基因组稳定性维持的贡献为该领域亟待解决的全新研究内容。对该分子通路的解析，将极大地增进我们对 DSB 末端修切分子机制的精确解读，为肿瘤等相关疾病发生机制的认知及新治疗策略制定提供理论指导。

【参考文献】

Aparicio T, Baer R, Gautier J. 2014. DNA double-strand break repair pathway choice and cancer. DNA Repair, 19: 169-175

Ceccaldi R, Rondinelli B, D'Andrea A D. 2016. Repair pathway choices and consequences at the double-strand break. Trends in Cell Biology, 26 (1): 52-64

Hoeijmakers J H J. 2007. Genome maintenance mechanisms are critical for preventing cancer as well as other aging-associated diseases. Mechanisms of Ageing and Development, 128 (7-8): 460-462

Huertas P, Garcia C A. 2018. Single molecule analysis of resection tracks. Methods Mol Biol, 1672: 147-154

Mimitou E P, Symington L S. 2009. DNA end resection: Many nucleases make light work. DNA Repair, 8 (9): 983-995

Sartori A A, Lukas C, Coates J, et al. 2007. Human CtIP promotes DNA end resection. Nature, 450 (7169): 509-514

Symington L S, Gautier J, 2011. Double-strand break end resection and repair pathway choice. Annual Review of Genetics, 45: 247-271

Truong L N, Li Y, Shi L Z, et al. 2013. Microhomology-mediated end joining and homologous recombination share the initial end resection step to repair DNA double-strand breaks in mammalian cells. Proceedings of the National Academy of Sciences of the United States of America,110（19）：7720-7725

Zou L,Elledge S J. 2003. Sensing DNA damage through ATRIP recognition of RPA-ssDNA complexes. Science,300（5625）：1542-1548

实验7.4 跳舞草应对环境刺激产生节律性运动规律的研究[*]

王昊泽 董思尧 郭小和 耿麟
指导教师：刘良玉
（首都师范大学，生命科学学院）

【摘要】 生物钟是一种生物体内源性调节机制。其中，以24h为周期的昼夜节律（circadian rhythm）研究较为深入，然而人们对于以分秒为周期的超日节律（ultradian rhythm）的作用机制还知之甚少。本研究选取具有显著超日节律特征的跳舞草叶片作为研究对象，首先在体外模拟和构建了跳舞草叶片离体运动的分析体系；随后，研究发现温度和光强的改变可以显著调控叶片运动周期。有趣的是，高光强能够有效恢复低温下停滞叶片的节律性运动；另外，声波刺激并没有显著加速叶片运动周期。上述研究发现光照强度和温度，而非声音，是调控跳舞草小叶片节律性运动的关键因素。这将为进一步揭示跳舞草超日节律的作用机制打下坚实基础。

【关键词】 跳舞草；生物节律；光强；温度

1 研究背景

地球自转带来的昼夜交替导致了光照强度和温度等环境因子的周期性变化。为了应对自然界中多变的环境，动植物和微生物演化出了复杂而精密的生物节律系统，它使生物在响应环境的周期性变化的过程中，对自身代谢及体内生理生化反应做出调整，从而使其能够更好地适应环境并在复杂的环境中保持竞争优势。生物节律在植物的生长发育、繁殖及逆境应答中扮演着非常重要的角色，能够提高植物的环境适应性。

近20年来，国内外关于动植物的生物钟分子机制研究获得了巨大进展，甚至已发展为一门多学科交叉的前沿学科——时间生物学（门中华和李生秀，2009）。目前，人们把生物节律大致分为三类，即周期在20~28h的近日节律（circadian rhythm），周期大于1d的亚日节律（infradian rhythm）和周期在20h以内的超日节律（ultradian rhythm）（Smolensky et al.，2016）。基于对模式植物拟南芥生物钟的研究，科学家们揭示了多重基因表达调控反馈网络，其中关键基因包括*CCA1*、*LHY*、*PRRs*、*TOC1*在内的多个组分共同维持了拟南芥生物钟运行的稳定。超日节律的研究主要集中在动物，如人体的瘦素分泌（Sinha et al.，1996）；类固醇从肾上腺的释放（Stavreva et al.，2009）；神经发育相关的Notch信号效应器（Bonev et al.，2012）等。在植物中也不例外，如拟南芥茎的旋转生长、下胚轴的周期性生长、花粉管的极性延伸生长等生理过程，都具有短时间的周期性振荡表型特征（Millet and Koukkari，1990；Solheim et al.，2009）。但是由于上述生理过程的动态变化范围极为微小，很难用肉眼观测或仪器捕捉，因此很难对植物的超日节律进行深入研究。

跳舞草作为一种豆科植物，起初由Engelmann和Antkowiak两位科学家研究了其小叶具有周期性运动规律，并将其归类于超日节律，这种运动被认为是由舞草叶枕（pulvini）"运动细胞（motor cell）"的体积的动态变化引起的（Engelmann and Antkowiak，1998）。运动细胞膜电位的去极化和超极化引起细胞的体积变化，在去极化细胞中，K$^+$内流通道被关闭，而向外的

---

[*] 本论文于2020年获第四届全国大学生生命科学竞赛一等奖，第六届北京市大学生生物学竞赛一等奖。

K⁺和Cl⁻通道被打开（Moshelion et al.，2002）。渗透活性物质（如 K⁺和 Cl⁻）被排出细胞，使细胞膜两侧产生渗透差，细胞失水而导致细胞收缩（Antkowiak and Engelmann，1995）。在细胞膨胀的过程中，细胞膜中 ATP-H⁺泵将 H⁺泵出，细胞膜负电位增加，K⁺通过电压门控的 K⁺通道进入细胞。Cl⁻与 H⁺共运输到细胞中。渗透活性离子浓度的增加导致细胞吸水而膨大，进而使膜去极化。类似原理产生的运动被称为膨压运动（turgor movement），在含羞草（*Mimosa pudica*）、雨树（*Samanea saman*）等植物中也存在类似的细胞生理机制（Millet and Koukkari，1990；Satter et al.，1988），但与之不同的是含羞草等植物叶枕处细胞分为伸肌和屈肌，两种细胞的交替收缩和膨大与其叶片上下单向运动相统一（江一唯，2019）。而跳舞草呈现周期性类圆周运动，因此我们猜测跳舞草可能存在独特的节律性运动机制。

跳舞草侧生小叶的运动周期受到温度、光照、电磁波等调节（Ellingsrud and Johnsson，1993）。在低温（小于 15℃）下，跳舞草运动振幅较小，频率较低；在中温度（25℃）下，振幅最大，波形几乎为正弦曲线，下冲程几乎总是快于上冲程；在高温（大于 32℃）下，运动周期最大且波形不对称时，振幅再次降低。研究证明，当对跳舞草侧生小叶的叶枕进行光照时，它们的运动频率会增大。这些小叶总是朝着光的方向移动，无论是将其施加到叶枕的正面还是背面。长时间暴露在中等强度的光照下或当用高强度光快速处理后，运动可能会停止（Miah and Johnsson，2007；Mitsuno and Sibaoka，1989）。

针对跳舞草叶片运动的机制，前人提出过一些假设，其中一个假设认为跳舞草的叶片转动是由叶枕内存在的一圈特殊的薄壁细胞决定的，它可能由于离子的进出而引起水势的变化，最终使细胞吸水或失水并牵引着一对小复叶快速周期性运动（Engelmann and Antkowiak，1998），然而这一假设缺乏动态的细胞学及分子证据，需要进一步探究。另外值得注意的是，跳舞草是否可以直接感应声音而运动这一科学问题需要进一步探究，因此，光、温、声音等单一和组合物理刺激如何调控跳舞草超日节律运动将成为本研究关注的核心问题，本项目的开展将深化人们对跳舞草超日节律的认识。

2 研究材料与方法

2.1 植物材料

跳舞草（*Codariocalyx motorius*），又名舞草，属于被子植物门双子叶植物纲豆科舞草属。其具有典型的三出复叶结构，包括一个末端大叶（3~7cm）和两个侧生小叶（约 1cm）。其中，侧生小叶以 3~5min 为周期进行超日节律性类圆周运动。

2.2 培养条件

将跳舞草种皮用砂纸打磨，播种至土钵中，放置在长日照温室（16h 光照/8h 黑暗，22℃，相对湿度 50%）培养，待跳舞草长出小叶后取样测量。营养土：蛭石按 1∶1 配制。

2.3 实验操作流程

首先从一株生长状态良好的跳舞草上剪取 6 个表型相近的叶片，将其从叶柄与茎的连接处剪下并剪去顶端大叶，在切口处涂抹凡士林保湿。然后置于 200μL 离心管中，并用硅胶固定，同时保证管内壁和边缘不影响小叶转动。在长日照温室中，用金属浴和植物培养灯对样品进行温度和光强变量的调整。在实验过程中用数码相机对跳舞草小叶的运动进行延时摄影，后期用 Image J 软件导入照片并测量小叶的角度变化，用 R-ggplot2 软件绘图，最后统计分析各种处理对于跳舞草小叶运动周期的影响效果。

3 研究结果

3.1 跳舞草离体叶片运动测量体系的建立

由于难以直接对植物体上叶片施加外源处理，因此建立适当的模拟小叶在体运动模型（图 7.4.1A），是本研究的首要任务。采集离体叶片并固定在离心管中，应用金属浴和光源调节温度和光照，随后用相机拍摄叶片运动，此方法可同时采集 6~8 个样品，极大提高了实验通量（图 7.4.1B）。最后，应用 Image J 分析图片并获得运动曲线的周期和振幅数据（图 7.4.2A）。另外，凡士林处理切口能显著延长离体小叶的运动时间（图 7.4.2B）。综上所述，跳舞草离体叶片测量体系的建立保证了实验的稳定性和可重复性。

图 7.4.1　跳舞草离体小叶的测量体系

A.虚线框内是跳舞草的一对小叶，实线框内显示实验用离体跳舞草小叶，对其运动的延时摄影照片进行叠加处理，箭头表示小叶周期往返运动轨迹；B.离体跳舞草小叶运动测量示意图，金属浴调节温度，温室光源调节光强，数码相机延时摄影 90min，拍摄间隔 10s

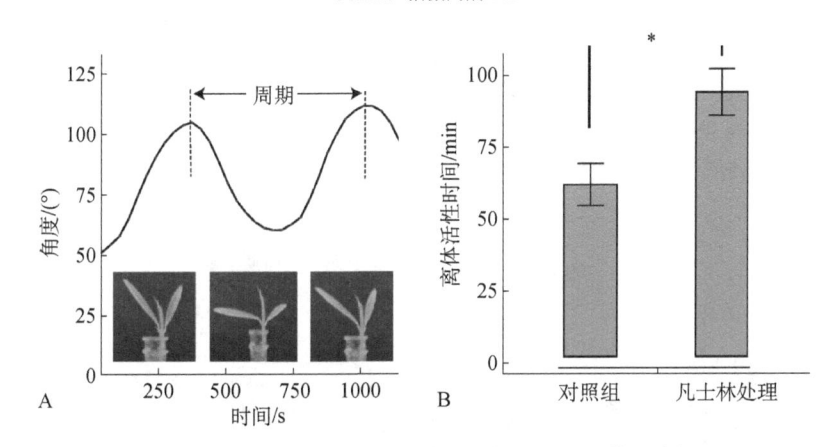

图 7.4.2　跳舞草离体小叶测量的条件优化及数据分析

A.小叶运动曲线的绘制与周期/振幅参数的计算；B.与对照组相比，凡士林处理组的小叶离体运动时间显著延长（结果为平均值±标准误，$n=6$，*代表 $p<0.05$，采用 t-test 分析显著性）

3.2 高频声波对跳舞草小叶运动频率影响

前人研究表明，高频电磁波会对跳舞草小叶运动产生调控作用（Ellingsrud and Johnsson，1993）；另外，人们普遍认为声音刺激能够加速跳舞草小叶运动。因此，本研究引入声音物理刺激，在我们的实验体系下来定量分析声音的效应。本研究选择了 1 种低频（100Hz）和 3 种高频（24MHz、28MHz 和 32MHz）声波刺激，有趣的是，比较 32MHz 与 100Hz 两种处理，高频声波的叶片周期发生了显著延迟，而非预期的周期缩短，另外其他处理组之间没有显著差异（图 7.4.3A）。这表明声波的处理并没有显著加速跳舞草小叶的运动，可能会改变人们的普遍认知。

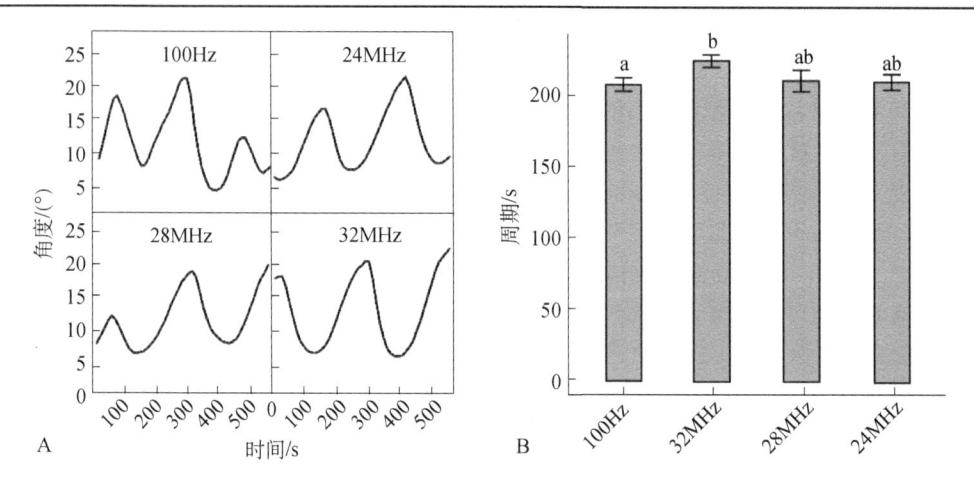

图 7.4.3　高频声波对跳舞草小叶运动频率影响不显著

A.离体跳舞草小叶运动对不同高频声波的响应；B.各高频声波处理下小叶运动周期统计，不同的英文字母标注代表组间差异显著（$p<0.05$），邓肯检验（Duncan test），$n=6$

3.3　温度和光强对于跳舞草小叶运动的调控

温度和光照是植物生长必不可少的因素。因此，在建立了跳舞草小叶运动分析模型的基础上，本研究进一步分析跳舞草运动如何响应温度和光照强度变化。研究发现，在恒定光强条件下（4100lx），随着温度从18℃、21℃、24℃升高到27℃，跳舞草小叶运动周期逐渐变短（图7.4.4A）。若在恒定温度条件下（24℃），随着光强从410lx、2000lx、3300lx升高到4100lx，跳舞草小叶运动周期也呈现逐渐变短的趋势（图7.4.4B）。上述结果表明，跳舞草小叶运动显著性地受到了温度和光强环境因子的调控。为了检测光强和温度双因子对跳舞草运动的叠加效应，当金属浴设置为0℃时，叶片的运动停滞（图7.4.4C），且410lx和2470lx的光强都不能重启叶片运动；然而4900lx的光强却可以显著性恢复叶片的节律性运动，其周期达到230s。这表明强光可以逆转低温对叶片的阻滞效应。

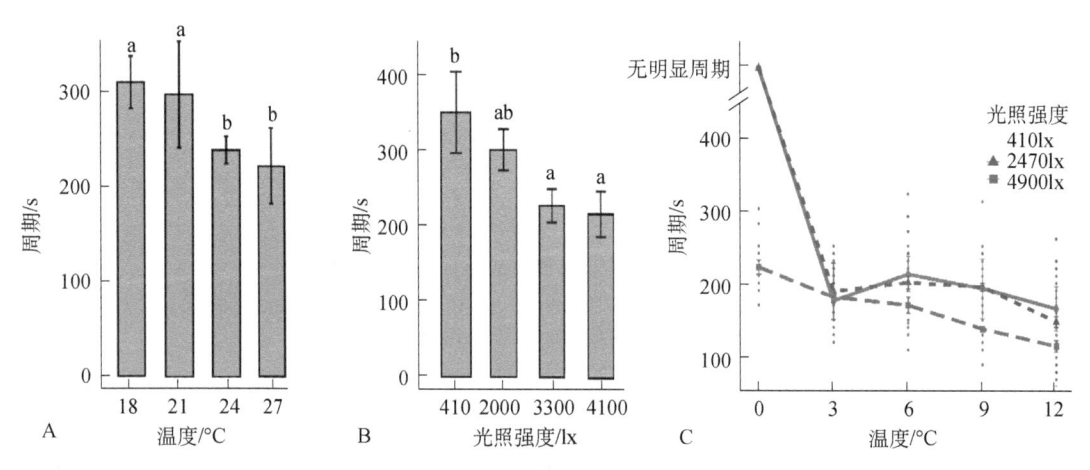

图 7.4.4　温度和光强调节跳舞草小叶运动周期

A.恒定光强下（4100lx）离体小叶运动周期随温度变化而变化的统计图；B.恒定温度下（24℃）离体小叶运动周期随光强变化而变化的统计图；C.跳舞草运动的温度效应在高光强下敏感性减弱，在410lx、2470lx、4900lx三种光照条件下，跳舞草小叶运动周期对温度梯度的响应，结果为平均值±标准误，$n=6$，不同的英文字母标注代表组间差异显著（$p<0.05$），邓肯检验（Duncan test）

3.4 强光对低温离体跳舞草小叶运动的补偿效应

为进一步验证小叶周期运动中光强对温度的补偿效应，我们对叶片进行 70min 的连续拍照，样品依次经历了适温低光强、低温低光强和低温高光强的处理。研究结果显示，低光照 410lx 和 22℃条件下，运动周期为 209s；然后在低光照 410lx 下温度降至 0℃时，小叶运动显著减缓甚至停滞，其中超过半数的小叶基本处于静止状态，其余仍缓慢运动的样品周期延长至 348s，值得注意的是，该条件下的样品的振幅均大幅度变小；在最后一个处理阶段，当保持 0℃且上调光强为 4900lx 时，小叶运动恢复，平均周期恢复到 198s（图 7.4.5）。另外，低温高光强和适温低光强之间小叶运动周期没有显著性差异，这进一步表明光强和温度条件的重组可以动态调整跳舞草叶片的运动。

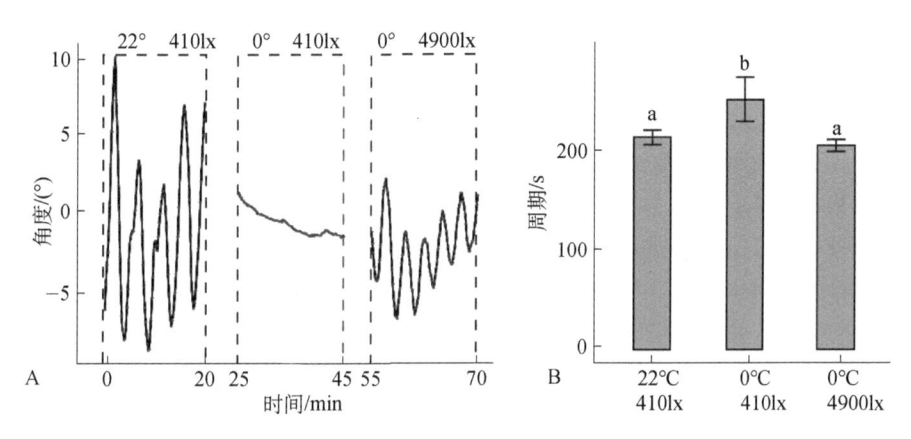

图 7.4.5 强光对低温离体跳舞草小叶运动的补偿效应

A.强光重启受低温阻滞的跳舞草小叶的周期运动，处理条件分别为：22℃/410lx 20min；0℃/410lx 20min 和 0℃/4900lx 20min；B.跳舞草小叶在（A）条件下运动周期的统计，不同的英文字母标注代表组间差异显著（$p<0.05$），邓肯检验（Duncan test），$n=6$

4 讨论与展望

本研究成功建立了跳舞草离体小叶运动的测量分析体系，并深入解析了温度和光强对小叶运动周期的调控作用，其中高光强能够补偿低温对叶片运动的抑制效应的发现，将在植物体上做进一步的实验验证，并有望开发成为一种新的人为操控跳舞草"舞动"的技术手段。

值得一提的是，在西双版纳地区，当地人认为跳舞草在夏季中午"舞动"明显，而夏季中午恰好对应着高光强高温，这一现象与本研究关于高光强高温对跳舞草运动的结论相符合。另外，跳舞草在一天中不同时段舞动速度和周期的变化是否具有生理和生态学意义，也是值得思考和关注的科学问题。

本研究体系中声波处理并不能加速跳舞草的"舞动"，对传统的认知提出了质疑。因为本研究的结论认为光温是调控叶片运动的关键因子，而植物普遍存在感受光和温受体，这些存在于小叶枕处的受体可能参与了跳舞草的运动。然而与动物不同，植物中还未发现有感受声波刺激的受体，因此对于跳舞草对声音的感应有待进一步的探究。

跳舞草在种植过程中和模式植物拟南芥相较而言更不易遭受害虫的侵蚀，我们假设其小叶的振动可以提高跳舞草植株对害虫的免疫性能，拟南芥也具备着同样的生物节律，只是其叶片振动的频率要远低于跳舞草。因此，在本试验中，我们想要通过类比，从而找到植物抗击病虫害的新机理，为植物免疫提供新的思路。同时，通过调节跳舞草的生长环境，我们能够使其小叶摆动频率发生变化，从而使其更具备观赏价值。

【参考文献】

江一唯. 2019. 含羞草的叶片运动机制. 当代化工研究, 38 (02): 202-204

门中华, 李生秀. 2009. 植物生物节律性研究进展. 生物学杂志, 026 (005): 53-55

Antkowiak B, Engelmann W. 1995. Oscillations of apoplasmic K$^+$ and H$^+$ activities in Desmodium motorium (Houtt.) Merril. pulvini in relation to the membrane potential of motor cells and leaflet movements. Planta, 196 (2): 350-356

Bonev B, Stanley P, Papalopulu N. 2012. MicroRNA-9 modulates Hes1 ultradian oscillations by Forming a double-negative feedback loop. Cell Rep, 2 (1): 10-18

Ellingsrud S, Johnsson A. 1993. Perturbations of plant leaflet rhythms caused by electromagnetic radio-frequency radiation. Bioelectromagnetics, 14 (3): 257-271

Engelmann W, Antkowiak B. 1998. Ultradian rhythms in *Desmodium*. Chronobiology International, 15 (4): 293-307

Miah M I, Johnsson A. 2007. Effects of light on ultradian rhythms in the lateral leaflets of *Desmodium gyrans*. Journal of Plant Biology, 50 (4): 480-483

Millet B, Koukkari W L. 1990. Ultradian oscillations of three variables in the circumnutation movements of shoots. Chronobiologia, 17 (1): 53

Mitsuno T, Sibaoka T. 1989. Rhythmic electrical potential change of motor pulvinus in lateral leaflet of codariocalyx motorius. Plant and Cell Physiology, 30 (8): 1123-1127

Moshelion M, Becker D, Czempinski K, et al. 2002. Diurnal and circadian regulation of putative potassium channels in a leaf moving organ. Plant Physiology, 128 (2): 634-642

Satter R L, Morse M J, Lee Y, et al. 1988. Light-and clock-controlled leaflet movements in samanea saman: a physiological, biophysical and biochemical analysis. Botanica Acta, 101 (3): 205-213

Sinha M K, Sturis J, Ohannesian J, et al. 1996. Ultradian oscillations of leptin secretion in humans. Biochemical & Biophysical Research Communications, 228 (3): 1-738

Smolensky M H, Hermida R C, Reinberg A, et al. 2016. Circadian disruption: New clinical perspective of disease pathology and basis for chronotherapeutic intervention. Chronobiology International, 33 (8): 1101-1119

Solheim B G B, Johnsson A, Iversen T H. 2009. Ultradian rhythms in *Arabidopsis thaliana* leaves in microgravity. New Phytologist, 183 (4): 1043-1052

Stavreva D A, Wiench M, John S, et al. 2009. Ultradian hormone stimulation induces glucocorticoid receptor-mediated pulses of gene transcription. Nature Cell Biology, 11 (9): 1093-1102

主要参考文献

奥斯伯 F，金斯顿 R E，布伦特 R，等. 1998. 精编分子生物学实验指南. 颜子颖，王海林译. 北京：科学出版社

才丽平，赵金茹，林庶茹，等. 2003. 水通道蛋白研究进展. 解剖科学进展, 9（2）：167-170

费一楠，张钊，张飞雄. 2008. 烟草悬浮细胞细胞核及核骨架中存在有肌动蛋白和肌球蛋白的证据. 首都师范大学学报（自然科学版），29（1）：55-60

洪剑明，黄勤妮，邱泽生，等. 1995. 玉米根细胞质膜硝酸还原酶的研究. 植物学报, 37（12）：927-933

李昊文，李鹏，印莉萍. 2006. 离子胁迫诱导洋葱鳞茎内表皮细胞凋亡. 生物技术通报，（1）：69-72

马建岗. 2001. 基因工程学原理. 西安：西安交通大学出版社

祁晓廷，柴小清，刘靖，等. 2006. 改造地高辛标记 DNA 和检测试剂盒用于凝胶阻滞实验的新方法. 遗传, 28：721-725

孙鑫博，代小梅，王怡杰，等. 2010. 植物细胞程序性死亡研究进展. 生物技术通报，（11）：1-5

王家政，范明. 2000. 蛋白质技术手册. 北京：科学出版社

徐承水，党本元. 1995. 现代细胞生物学技术. 青岛：青岛海洋大学出版社

杨杰，张智红，骆清铭. 2010. 荧光蛋白研究进展. 生物物理学报, 1126（11）：1025-1035

叶子，黄聪聪，于荣. 2012. 保卫细胞微管骨架参与蛋白丝氨酸/苏氨酸磷酸化调节的气孔运动. 中国农业科学, 45（21）：4351-4360

印利萍，祁晓廷，李鹏. 2005. 细胞分子生物学技术教程. 3 版. 北京：科学出版社

俞珺璟，杨烁，潘磊. 2019. 果蝇肠道损伤检测方法——蓝精灵实验. Bio-101：e1010267

张松灵，路春霖，秘晓林. 2019. 果蝇凋亡检测——Caspase-3 抗体染色法及 TUNEL 法. Bio-101：e1010268

赵航，石林，李周华. 2019. 果蝇精巢免疫荧光染色. Bio-101：e1010292

赵雪璠，黄勋. 2019. 果蝇幼虫脂滴的标记观察. Bio-101：e1010272

Turner P C，McLennan A G，Bates A D, et al. 2003. 分子生物学（影印版）. 北京：科学出版社

Amcheslavsky A，Jiang J，Ip Y T. 2009. Tissue damage-induced intestinal stem cell division in Drosophila. Cell Stem Cell, 4（1）：49-61

Birnbaum K，Jung J W，Wang J Y, et al. 2005. Cell type-specific expression profiling in plants via cell sorting of protoplasts from fluorescent reporter lines. Nature Methods, 2：615-619

Birnbaum K，Shasha D E，Wang J Y, et al. 2003. A gene expression map of the *Arabidopsis* root. Science, 302：1956-1960

Brejc K，Sixma T K，Kitts P A, et al. 1997. Structural basis for dual excitation and photoisomerization of the *Aequorea victoria* green fluorescent protein. Proc Natl Acad Sci USA, 94（6）：2306-2311

Cui Y，Xie R，Zhang X, et al. 2021. OGA is associated with deglycosylation of NONO and the KU complex during DNA damage repair. Cell Death & Disease, 12（7）：622

Dominic H，Danny S S，Ineke B, et al. 2005. Contribution of the endoplasmic reticulum to peroxisome formation. Cell, 122：85-95

Douglas P, Zhong J, Ye R, et al. 2010. Protein phosphatase 6 interacts with the DNA-dependent protein kinase catalytic subunit and dephosphorylates gamma-H2AX. MCB, 30（6）: 1368-1381

Eckhardt U, Marques A M, Buckhout T J. 2001. Two iron-regulated cation transporters from tomato complement metal uptake-deficient yeast mutants. Plant Mol Biol, 45: 437-448

Eric L, Naohiro K, Michael L. 2001. Programmed cell death Mitochondria and the plant hypersensitive response. Nature, 411: 848-853

Fogarty C E, Bergmann A. 2014. Detecting caspase activity in Drosophila larval imaginal discs. Methods Mol Biol, 1133: 109-117

Greenspan L J, Cuevas M D, Matunis E. 2015. Genetics of gonadal stem cell renewal. Annu Rev Cell Dev Biol, 31: 291-315

Hao S, Wang Y, Zhao Y, et al. 2022. Dynamic switching of crotonylation to ubiquitination of H2A at lysine 119 attenuates transcription-replication conflicts caused by replication stress. Nucleic Acids Res, 50（17）: 9873-9892

He X, Yu J, Wang M, et al. 2017. Bap180/Baf180 is required to maintain homeostasis of intestinal innate immune response in Drosophila and mice. Nat Microbiol, 2: 17056

Knepper M A, Nielsen S. 2004. Peter Agre, 2003 Nobel Prize Winner in Chemistry. J Am Soc Nephrol, 15: 1093-1095

Lee M M, Schiefelbein J. 1999. WEREWOLF, a MYB-related protein in *Arabidopsis*, is a position-dependent regulator of epidermal cell patterning. Cell, 99: 473-483

Li J, Wang J, Jiao H, et al. 2010. Cytokinesis and cancer: Polo loves ROCK 'n' Rho（A）, J Genet Genomics, 7（3）: 159-172

Li M, Li J, Wang Y, et al. 2023. DNA damage-induced YTHDC1 O-glcNAcylation promotes homologous recombination by enhancing m^6A binding. Fundamental Research, DOI: 10.1016/j.fmre. 2023.04.017

Liu W, Jiang F, Bi X, et al. 2012. *Drosophila* FMRP participates in the DNA damage response by regulating G2/M cell cycle checkpoint and apoptosis. Hum Mol Genet, 21（21）: 4655-4668

Liu Y, Wang W, Shui G, et al. 2014. CDP-diacyl glycerol synthetase coordinates cell growth and fat storage through phosphatidylinositol metabolism and the insulin pathway. PLoS genet, 10（3）: e1004172

Masucci J D, Rerie W G, Foreman D R, et al. 1996. The homeobox gene *GLABRA2* is required for position-dependent cell differentiation in the root epidermis of *Arabidopsis thaliana*. Development, 122: 1253-1260

Parton R M, Fischer-Parton S, Trewavas A J, et al. 2003. Pollen tubes exhibit regular periodic membrane trafficking events in the absence of apical extension. J Cell Sci, 116: 2707-2719

Preston G M, Jung J S, Gugginoll W B, et al. 1993. The Mercury-sensitive Residue at Cysteine 189 in the CHIP28 Water Channel. The Journal of Biological Chemistry, 268（1）: 17-20

Rera M, Clark R I, Walker D W. 2012. Intestinal barrier dysfunction links metabolic and inflammatory markers of aging to death in Drosophila. Proc Natl Acad Sci U S A, 109（52）: 21528-21533

Schaumburg C S, Tan M. 2006. Arginine-dependent gene regulation via the ArgR repressor is species specific in chlamydia. J Bacteriol, 188（3）: 919-927

Schneider I. 1972. Cell lines derived from late embryonic stages of *Drosophila melanogaster*. J Embryol Exp Morphol, 27: 353-365

Sheng X Y, Dong X L, Zhang S S, et al. 2010. Mitochondrial dynamics and its responds to proteasome defection during *Picea wilsonii* pollen tube development. Cell Biochem. Funct, 28: 420-425

Verbavatz J M, Brown D, Sabol I, et al. 1993. Tetrameric assembly of CHIP28 water channels in liposomes and cell membranes: a freeze-fracture study. The Journal of Cell Biology, 123 (3): 605-618

Vert G, Briat J F, Curie C. 2001. *Arabidopsis* IRT2 gene encodes a root-periphery transporter. Plant J, 26: 181-189

Wouter G D, 2011. Classes of Programmed cell death in plants, compared to those in animals. Journal of Experimental Botany, 62 (14): 4749-4761

Xu R, Li J, Zhao H, et al. 2018. Self-restrained regulation of stem cell niche activity by niche components in the *Drosophila* testis. Dev Biol, 439 (1): 42-51

附　　录

一、有关核酸的常用数据

（一）常用核酸的长度与相对分子质量

核酸	核苷酸数/个	M_r
人 DNA	48 502（双链环状）	-3.0×10^7
PBR322	4 363（双链）	2.8×10^6
28S rRNA	4 800	1.6×10^6
23S rRNA	3 700	1.2×10^6
18S rRNA	1 900	6.1×10^5
19S rRNA	1 700	5.5×10^5
5S rRNA	120	3.6×10^4
tRNA（大肠杆菌）	75	2.5×10^4

（二）常用核酸蛋白换算数据

1. 质量换算

$1\mu g = 10^{-6} g$

$1 ng = 10^{-9} g$

$1 pg = 10^{-12} g$

$1 fg = 10^{-15} g$

2. 分光光度换算

$1A_{260}$ 双链 DNA = 50μg/mL

$1A_{260}$ 单链 DNA = 33μg/mL

$1A_{260}$ 单链 RNA = 40μg/mL

3. DNA 摩尔换算

1μg 1000bp DNA = 1.52pmol = 3.03pmol 末端

1μg pBR322 DNA = 0.36pmol

1pmol 1000bp DNA = 0.66μg

1pmol pBR322 = 2.8μg

1kb 双链 DNA（钠盐）= 6.6×10^5

1kb 单链 DNA（钠盐）= 3.3×10^5

1kb 单链 RNA（钠盐）= 3.4×10^5

脱氧核糖核苷的平均 M_r = 324.5

4. 蛋白质摩尔换算

100pmol M_r 100 000 蛋白质 = 10μg

100pmol M_r50 000 蛋白质=5μg
100pmol M_r10 000 蛋白质=1μg
氨基酸的平均 M_r=126.7

5. 蛋白质/DNA 换算

1kb DNA=333 个氨基酸编码容量=3.7×10^4M_r 蛋白质
10 000M_r 蛋白质=270bp DNA
30 000M_r 蛋白质=810bp DNA
50 000M_r 蛋白质=1.35kb DNA
100 000M_r 蛋白质=2.7kb DNA

（三）DNA 在溶液中的浓度

双链 DNA（50μg/mL）	分子/mL	每毫升摩尔数	摩尔浓度	末端的摩尔浓度
λ 噬菌体	9.78×10^{11}	2.8×10^6	11.62nmol/L	3.24nmol/L
pBR322	1.09×10^{13}	1.81×10^{-12}	18.1nmol/L	36.2nmol/L
pUC18/pUC19	1.77×10^{13}	2.94×10^{-12}	29.4nmol/L	58.8nmol/L
DNA 片段（1kb）	4.74×10^{13}	7.87×10^{-12}	78.7nmol/L	157.4nmol/L
8 核苷酸对双链接头	5.92×10^{15}	9.83×10^{-12}	9.83μmol/L	19.7μmol/L

含有 50μg/mL 双链 DNA 的溶液在 260nm 波长处的吸光值为 1，即 A_{260}=1 相当于 50μg/mL 双链 DNA（含有 40μg/mL 单链 DNA 的溶液在 260nm 波长下的吸光值为 1，即 A_{260}=1 相当于 40μg/mL 单链 DNA）。

这些数值是在设定 DNA 中每个核苷酸的分子量为 660 的前提下推算出来的。

二、酶类

（一）溶菌酶

用水配制成 50mg/mL 的溶菌酶溶液，分装成小份并保存于-20℃。每一小份一经使用后即丢弃。

（二）蛋白质水解酶

名称	储备液	储存温度	反应浓度	反应缓冲液	温度	预处理
链霉蛋白酶*	20mg/mL（溶于水）	-20℃	1mg/mL	0.01mol/L(pH 7.8) Tris 0.01mol/L EDTA 0.5% SDS	37℃	自消化**
蛋白酶 K***	20mg/mL（溶于水）	-20℃	50μg/mL	0.01mol/L(pH 7.8) Tris 0.005mol/L EDTA 0.5% SDS	37~56℃	无需预处理

* 链霉蛋白酶是从链球菌（*Streptomyces griseus*）中分离到的一种丝氨酸蛋白酶和酸性蛋白酶的混合物
** 自消化可消除 DNA 酶和 RNA 酶的污染，经自消化的链霉蛋白酶的配制方法如下：把该酶的粉末溶解于 10mmol/L（pH 7.5）Tris-HCl、10mmol/L NaCl 中，配成 20mg/mL 浓度，于 37℃温育 1h。经自消化的链霉蛋白酶分装成小份放在密封试管中，保存于-20℃
*** 蛋白酶 K 是一种枯草蛋白酶类的高活性蛋白酶，从林伯氏白色念球菌（*Tritirachium album* Limber）这一霉菌中纯化得到。该酶有两个 Ca^{2+} 结合位点，它们离酶的活性中心有一定距离，与催化机制并无直接关系。然而，如果从该酶中除去 Ca^{2+}，由于出现远程结构的变化，催化活性将丧失 80%左右，但其剩余活性通常已足以降解在一般情况下污染核酸制品的蛋白质。所以，蛋白酶 K 消化过程中通常加入 EDTA（以抑制依赖于 Mg^{2+} 的核酸的作用）。但是，如果要消化对蛋白酶 K 具有较强耐受性的蛋白质，如角蛋白一类，则可能需要使用含有 1mmol/L Ca^{2+} 而不含 EDTA 的缓冲液。在消化完毕后，纯化核酸前要加入 EDTA（pH 8.0）至终浓度为 2mmol/L，以螯合 Ca^{2+}

（三）无 DNA 酶的 RNA 酶

将胰 RNA 酶（RNA 酶 A）溶于 10mmol/L Tris-HCl（pH 7.5）、15mmol/L NaCl 中，配成 10mg/mL 的浓度，于 100℃加热 15min，缓慢冷却至室温，分装成小份保存于-20℃。

三、缓冲液

（一）常用缓冲液

1. TE

（1）pH 7.4 TE：10mmol/L Tris-HCl（pH 7.4），1mmol/L EDTA（pH 8.0）。

（2）pH 7.6 TE：10mmol/L Tris-HCl（pH 7.6），1mmol/L EDTA（pH 8.0）。

（3）pH 8.0 TE：10mmol/L Tris-HCl（pH 8.0），1mmol/L EDTA（pH 8.0）。

2. STE（又称 TEN） 0.1mol/L NaCl，10mmol/L Tris-HCl（pH 8.0），1mmol/L EDTA（pH 8.0）。

3. STET 0.1mol/L NaCl，10mmol/L Tris-HCl（pH 8.0），1mmol/L EDTA（pH 8.0），5% Triton X-100。

4. TNT 10mmol/L Tris-HCl（pH 8.0），150mmol/L NaCl，0.05%吐温-20。

（二）常用的电泳缓冲液

缓冲液	使用液	浓储备液（100mL）
Tris-乙酸（TAE）	1×：0.04mol/L Tris-乙酸，0.001mol/L EDTA	50×：242g Tris 碱，57.1mL 冰醋酸，100mL 0.5mol/L EDTA（pH 8.0）
Tris-磷酸（TPE）	1×：0.09mol/L Tris-磷酸，0.002mol/L EDTA	10×：108g Tris 碱，15.5mL 85%磷酸（1.679g/mL），40mL 0.5mol/L EDTA（pH 8.0）
Tris-硼酸（TBE）*	0.5×：0.045mol/L Tris-硼酸，0.001mol/L EDTA	5×：54g Tris 碱，27.5g 硼酸，20mL 0.5mol/L EDTA（pH 8.0）
碱性缓冲液**	1×：50mmol/L NaOH，1mmol/L EDTA	1×：5mL 10mol/L NaCl，2mL 0.5mol/L EDTA（pH 8.0）
Tris-甘氨酸***	1×：25mmol/L Tris，250mmol/L 甘氨酸，0.1% SDS	5×：15.1g Tris 碱，94g 甘氨酸（电泳级），50mL 10% SDS（电泳级）

* TBE 浓溶液长时间存放后会形成沉淀物，为避免这一问题，可在室温下用玻璃瓶保存 5×溶液，出现沉淀后则予以废弃
以往都以 1×TBE 作为使用液（即 1：5 稀释浓储备液）进行琼脂糖凝胶电泳。但 0.5×的使用液已具备足够的缓冲容量。目前几乎所有的琼脂糖凝胶电泳都以 1：10 稀释的储备液作为使用液
进行聚丙烯酰胺凝胶电泳使用的 1×TBE，是琼脂糖凝胶电泳时使用液浓度的 2 倍。聚丙烯酰胺凝胶垂直槽的缓冲液槽较小，故通过缓冲液的电流量通常较大，需要使用 1×TBE 以提供足够的缓冲容量
** 碱性电泳缓冲液应现用现配
*** Tris-甘氨酸缓冲液用于 SDS-聚丙烯酰胺凝胶电泳

（三）常用的凝胶加样缓冲液

缓冲液类型	6×缓冲液	储存温度/℃
（1）	0.25%溴酚蓝，0.25%二甲苯青 FF，40%（*W/V*）蔗糖水溶液	4
（2）	0.25%溴酚蓝，0.25%二甲苯青 FF，15%聚蔗糖（Ficoll）（400 型）水溶液	室温
（3）	0.25%溴酚蓝，0.25%二甲苯青 FF，30%甘油水溶液	4
（4）	0.25%溴酚蓝，40%（*W/V*）蔗糖水溶液	4
（5）	300mmol/L NaCl，6mmol/L EDTA，18%聚蔗糖（Ficoll）（400 型，Pharmacia）水溶液，0.15%溴甲酚绿，0.25%二甲苯青 FF	4

使用以上凝胶加样缓冲液的目的有三：①增大样品密度，以确保 DNA 均匀进入样品孔内；②使样品呈现颜色，从而使加样操作更为便利；③含有在电场中以预知速率向阳极泳动的染料。溴酚蓝在琼脂糖凝胶中移动的速率约为二甲苯青 FF 的 2.2 倍，而与琼脂糖浓度无关。以 0.5×TBE 作为电泳液时，溴酚蓝在琼脂糖中的泳动速率约与长 300bp 的双链线状 DNA 相同，而二甲苯青 FF 的泳动则与长 4kb 的双链线状 DNA 相同。在琼脂糖浓度为 0.5%～1.4%，这些对应关系受凝胶浓度变化的影响并不显著。

对于碱性凝胶应当使用溴甲酚绿作为示踪染料，因为在 pH 条件下其显色较溴酚蓝更为鲜明。

（四）测序凝胶加样缓冲液

（1）试剂：98%去离子甲酰胺，0.025%二甲苯青 FF，10mmol/L EDTA（pH 8.0），0.025%溴酚蓝。

（2）注意：许多批号的试剂级甲酰胺，其纯度符合使用要求，无需再进行处理。不过，一旦略呈黄色，则应在磁力搅拌器上将甲酰胺与 Dowex XG8 混合床树脂共同搅拌 1h 进行去离子处理，并用 Whatman 1 号滤纸过滤 2 次。去离子甲酰胺分装成小份，充氮存于-70℃。有的公司出售经过蒸馏并充氮包装的甲酰胺，用前不必纯化。

四、与 DNA 凝胶电泳有关的数据

（一）琼脂糖凝胶浓度与线性 DNA 的分辨范围

凝胶浓度/%	线性 DNA 长度/bp
0.5	1 000～30 000
0.7	800～12 000
1.0	500～10 000
1.2	400～7 000
1.5	200～3 000
2.0	50～2 000

（二）聚丙烯酰胺凝胶对 DNA 的分辨范围

聚丙烯酰胺 [(W/V)*]/%	分辨范围/bp
3.5	100～2000
5.0	80～500
8.0	60～400
12.0	40～200
15.0	25～150
20.0	6～100

*其中含有 N,N'-亚甲基双丙烯酰胺，浓度为丙烯酰胺的 1/30

（三）染料在非变性聚丙烯酰胺凝胶的迁移速度

凝胶浓度/%	溴酚蓝/bp	二甲苯青 FF/bp
3.5	100	460
5.0	65	260

续表

凝胶浓度/%	溴酚蓝/bp	二甲苯青 FF/bp
8.0	45	160
12.0	20	70
15.0	15	60
20.0	12	45

（四）染料在变性聚丙烯酰胺凝胶的迁移速度

凝胶浓度/%	溴酚蓝/bp	二甲苯青 FF/bp
5.0	35	140
6.0	26	106
8.0	19	75
10.0	12	55
20.0	8	28

五、细菌培养基和抗生素

（一）液体培养基

1. LB 培养基（Luria-Bertani 培养基） 配制每升培养基，应在 950mL 去离子水中加入：细菌培养用胰化蛋白胨（bacto-tryptone）10g，细菌培养用酵母提取物（bacto-yeast extract）5g，NaCl 10g。

摇动容器直至溶质完全溶解，用 5mol/L NaOH（约 0.2mL）调 pH 至 7.0，加入去离子水至总体积为 1L，在 1.034×10^5Pa 高压下蒸汽灭菌 20min。

2. NZCYM 培养基 配制每升培养基，应在 950mL 去离子水中加入：NZ 胺（NZ amine，酪蛋白酶促水解物）10g，NaCl 5g，细菌培养用酵母提取物 5g，酪蛋白氨基酸（casamino acid）1g，$MgSO_4 \cdot 7H_2O$ 2g。

摇动容器直至溶质完全溶解，用 5mol/L NaOH（约 0.2mL）调 pH 至 7.0，加入去离子水至总体积为 1L，在 1.034×10^5Pa 高压下蒸汽灭菌 20min。

3. NZYM 培养基 NZYM 培养基除不含酪蛋白氨基酸外，其他成分与 NZCYM 培养基成分相同。

4. NZM 培养基 NZM 培养基除不含酵母提取物外，其他成分与 NZYM 培养基成分相同。

5. 高浓度肉汤 配制每升高浓度肉汤，应在 900mL 去离子水中加入：细菌培养用胰化蛋白胨 12g，细菌培养用酵母提取物 24g，甘油 4mL。

摇动容器直至溶质完全溶解，在 1.034×10^5Pa 高压下蒸汽灭菌 20min，然后使该溶液降温至 60℃或 60℃以下，再加入 100mL 经灭菌的 KH_2PO_4-K_2HPO_4（该磷酸盐缓冲液的配方：在 90mL 的去离子水中溶解 2.31g KH_2PO_4 和 12.54g K_2HPO_4，然后加入去离子水至总体积为 100mL，在 1.034×10^5Pa 高压下蒸汽灭菌 20min）。

6. SOB 培养基 配制每升培养基，应在 950mL 去离子水中加入：细菌培养用胰化蛋白胨 20g，细菌培养用酵母提取物 5g，NaCl 0.5g。

摇动容器直至溶质完全溶解，然后加入 10mL 250mmol/L KCl，用 5mol/L NaOH（约

0.2mL）调 pH 至 7.0，加入去离子水至总体积为 1L，在 1.034×10^5Pa 高压下蒸汽灭菌 20min。

该溶液在使用前加入 5mL 灭菌的 2mol/L $MgCl_2$ 溶液。

7. SOC 培养基 SOC 培养基除含有 20mmol/L 葡萄糖外，其余成分与 SOB 培养基相同。SOB 培养基经高压灭菌后，降温至 60℃或 60℃以下，然后加入 20mL 经除菌的 1mol/L 葡萄糖溶液。

8. 2×YT 培养基 配制每升培养基，应在 900mL 去离子水中加入：细菌培养用胰化酶蛋白胨 16g，细菌培养用酵母提取物 10g，NaCl 5g。

摇动容器直至溶质完全溶解，用 5mol/L NaCl 调节 pH 至 7.0，加入去离子水至总体积为 1L，在 1.034×10^5Pa 高压下蒸汽灭菌 20min。

9. M9 培养基

（1）配制每升培养基，应在 750mL 去离子水（冷却至 50℃或 50℃以下）中加入：5×M9 盐溶液 200mL，灭菌的去离子水至 1L，适当碳源的 20%溶液（如 20%葡萄糖）20mL。

如有必要，可在 M9 培养基中补加含有适当种类的氨基酸的储备液。

（2）5×M9 盐溶液的配制：在去离子水中溶解下列盐类至终体积为 1L。$NaH_2PO_4\cdot 7H_2O$ 64g，KH_2PO_4 15g，NaCl 2.5g，NH_4Cl 5.0g。

把上述溶液分成 200mL/份，在 1.034×10^5Pa 高压下蒸汽灭菌 15min。

10. YEB 培养基（农杆菌培养基） 在去离子水中溶解下列盐类至终体积为 1L：牛肉膏 5g，胰蛋白胨 5g，蔗糖 5g，$MgSO_4$ 2mmol/L。

调 pH 至 7.2，1.034×10^5Pa 高压下蒸汽灭菌 15min。

（二）含有琼脂或琼脂糖的培养基

先按上述配方配制液体培养基，临高压灭菌前加入下列试剂中的一份：细菌培养用琼脂（bacto-agar）15g/L（铺制平板用），细菌培养用琼脂 7g/L（配制顶层琼脂用），琼脂糖 15g/L（铺制平板用），琼脂糖 7g/L（配制顶层琼脂糖用）。

在 1.034×10^5Pa 高压下蒸汽灭菌 20min。从高压灭菌器中取出培养基时应轻轻旋动以使溶解的琼脂或琼脂糖能均匀分布于整个培养基溶液中。必须注意的是，此时培养基溶液可能过热，旋动液体会发生暴沸。应使培养基降温至 50℃，方可加入不耐热的物质（如抗生素）。为避免产生气泡，混匀培养基时应采取旋动的方式，然后可直接从烧瓶中倾出培养基铺制平板。90mm 直径的培养皿需 30～50mL 培养基。如果平板上的培养基有气泡形成，可在琼脂或琼脂糖凝结前用本生灯烧灼培养基表面以除去之。按设定的颜色记号在相应的平板边缘做标记，以区别不同的培养平板（如两条红杠表示 LB-氨苄青霉素平板，一条黑杠表示 LB 平板等）。

培养基完全凝结后，应倒置平皿并储存于 4℃备用。使用前 1～2h 应取出储存的平皿。如果平板是新鲜制备的，在 37℃温育时会"发汗"，并会产生细菌克隆或噬菌体噬斑在平板表面扩散而增加交叉污染的机会。为了避免这一问题，可以拭去平皿内部的冷凝水，并把平皿倒置于 37℃温育数小时再使用，也可快速甩一下平皿盖以除去冷凝水。为尽可能减少污染的机会，除去盖上的水滴时应把开盖的平皿倒置握在手上。

（三）酵母培养基

1. 酿酒（芽殖）酵母的培养基

（1）40%（*W/V*）葡萄糖储备液（20×）：称取 40g 葡萄糖（glucose）溶于 90mL 蒸馏水中，50～60℃水浴可加速溶解过程，最终定容至 100mL。121℃、15min 高压灭菌，冷却后

4℃保存（葡萄糖直接加入培养基灭菌会造成葡萄糖碳化，培养基略变褐色，对酵母培养会略有影响）。

（2）YPD（YPED）液体培养基（用于酵母菌摇培，100mL）：细菌培养用蛋白胨2g，细菌培养用酵母提取物1g，葡萄糖储备液（终浓度为每100mL培养基中含2g葡萄糖）5mL。

加ddH$_2$O至90mL，调pH至5~6，定容至95mL，高温灭菌（121℃，15min）。待温度降至55℃时，加入5mL预热（至少室温放置30min）无菌的40%葡萄糖储备液。

（3）YPD（YPED）固体培养基（可用于保菌或平板培养，100mL）：在YPD液体培养基的营养物中加入2g琼脂粉，加ddH$_2$O至90mL，调pH至5.8，定容至95mL，高温灭菌（121℃，15min）。待温度降至55℃时，加入5mL预热（至少室温放置30min）无菌的40%葡萄糖储备液。

（4）YPAD培养基（可用于保菌或培养营养缺陷菌株，100mL）：在YPD液体培养基中加入硫酸腺嘌呤40mg，琼脂粉2g（液体培养基不加）。加ddH$_2$O至90mL，调pH至5.8（液体调至5~6），定容至95mL，高温灭菌（121℃，15min）。待温度降至55℃时，加入5mL预热（至少室温放置30min）无菌的40%葡萄糖储备液。

该培养基可用于酵母菌培养或4~6个月的短暂保菌或酵母培养。菌种保藏需分装培养基至试管，灭菌后倾斜放置形成斜面，穿刺保菌试管可不放置斜面。每支试管依大小可加入3~5mL培养基（先分装后灭菌可造成葡萄糖部分碳化，培养基略变褐色，对酵母培养会略有影响）。

2. 非洲粟酒裂殖酵母的培养基（YE培养基，100mL） 细菌培养用蛋白胨0.5g，细菌培养用琼脂2g，葡萄糖（配成40% dextrose储备液单独灭菌，4℃保存）2g。

加ddH$_2$O至90mL，调pH至5~6，定容至95mL，高温灭菌（121℃，15min）。待温度降至55℃时，加入5mL预热（至少室温放置30min）无菌的40%葡萄糖储备液。

（四）保存培养基

细菌可以在穿刺培养物中保存两年之久或在含甘油的培养物中无限期保存。

1. 穿刺培养物 使用容量为2~3mL并带有螺口旋盖和橡皮垫圈的玻璃小瓶，加入相当于约2/3容量的熔化LB琼脂，旋上盖子但并不拧紧，在1.034×10^5Pa高压下蒸汽灭菌20min。从高压蒸汽灭菌器中取出玻璃试管，冷却至室温后拧紧盖子，放室温保存备用。

保存细菌时，用一灭菌的接种针挑取分散良好的单菌落，把针穿过琼脂直达瓶底数次，盖上瓶盖并予拧紧，在瓶身和瓶盖上均做好标记，室温下存放于暗处（更加广为接受的做法是：将瓶盖放松，在适当温度下培养过夜，然后拧紧瓶盖并加封Parafilm膜，于室温或于4℃避光保存）。

2. 含甘油的培养物

（1）在液体培养基中生长的细菌培养物：取用灭菌的接种针刮拭冻结的培养物表面，然后立即把黏附在接种针上的细菌划在含适当抗生素的LB琼脂平板表面，冻干保存的菌种管重置于-70℃，而琼脂平板于37℃培养过夜。

（2）在琼脂平板上生长的细菌培养物：从琼脂平板表面刮下细菌放入装有2mL LB的无菌试管内，再加入等量的含有30%灭菌甘油的LB培养基，振荡混合物使甘油完全分布均匀后，分装于试管中按上述方法冰冻保存。

这一方法可用于保护在质粒载体上建立的cDNA文库。

（五）抗生素

	储备液		工作浓度	
抗生素	浓度	保存温度	严紧型质粒	松弛型质粒
氨苄青霉素	50mg/mL（溶于水）	−20℃	20μg/mL	60μg/mL
羧苄青霉素	50mg/mL（溶于水）	−20℃	20μg/mL	60μg/mL
氯霉素	34mg/mL（溶于乙醇）	−20℃	25μg/mL	170μg/mL
卡那霉素	10mg/mL（溶于水）	−20℃	10μg/mL	50μg/mL
链霉素	10mg/mL（溶于水）	−20℃	10μg/mL	50μg/mL
四环素*	5mg/mL（溶于乙醇）	−20℃	10μg/mL	50μg/mL

注：以水为溶剂的抗生素储备液应通过 0.22μm 滤器过滤除菌，以乙醇为溶剂的抗生素溶液无需除菌处理，所有抗生素溶液均应放于不透光的容器中保存

* 镁离子是四环素的拮抗剂，四环素抗性菌的筛选应使用不含镁盐的培养基（如 LB 培养基）

（六）用于噬菌体操作的溶液

1. 麦芽糖　　麦芽糖是编码 λ 噬菌体受体的基因（*lamB*）的诱导物，培养用于铺制噬菌体平板的细菌时，通常在培养基中加入麦芽糖。每 100mL 培养基中加入 1mL 20%的无菌麦芽糖溶液。

20%的麦芽糖无菌储备液制备方法为：麦芽糖 20g 加水至 100mL，用 0.22μm 滤器过滤除菌后保存于室温。

2. SM　　这一缓冲液用于 λ 噬菌体原种的保存和稀释。每升含：NaCl 5.8g，$MgSO_4 \cdot 7H_2O$ 2g，1mol/L Tris-HCl（pH 7.5）50mL，2%明胶溶液（gelatin）5mL。

在 1.034×10^5Pa 高压下蒸汽灭菌 20min，溶液冷却后分成 50mL 小份，加水至 1L 储存于无菌容器中。SM 可于室温无限期地保存。

2%明胶溶液的配制：把 2g 明胶溶于终体积为 100mL 的水中，在 1.034×10^5Pa 高压下蒸汽灭菌 20min。

3. TM　　每升含：$MgSO_4 \cdot 7H_2O$ 2g，1mol/L Tris-HCl（pH 7.5）50mL。

加水至 1L，在 1.034×10^5Pa 高压下蒸汽灭菌 20min，溶液冷却后分成 50mL 小份，加水至 1L 储存于无菌容器中。TM 可于室温无限期地保存。

对于长期的 λ 噬菌体原种，尤其是经过氯化铯纯化的 λ 噬菌体，有时不妨在稀释液中加入 50mmol/L NaCl 和 0.01%明胶。

4. λ 噬菌体稀释液　　每升含：1mol/L Tris-HCl（pH 7.5）10mL，$MgSO_4 \cdot 7H_2O$ 2g。

加水至 1L，在 1.034×10^5Pa 高压下蒸汽灭菌 20min，溶液冷却后分成 50mL 小份，储存于无菌器中。该稀释液可在室温下无限期地保存。

对于长期保存的 λ 噬菌体原种，尤其是经过氯化铯纯化的噬菌体，有时不妨在稀释液中加入 50mmol/L NaCl 和 0.01%明胶。

六、杂交试验中用于降低背景的封闭剂

（一）Denhardt 试剂

该试剂常用于 Northern 杂交、使用 RNA 探针的杂交、单拷贝序列的 Southern 杂交、将 DNA 固定于尼龙膜上的杂交。

Denhardt 试剂：通常配制成 50× 储备液，过滤后保存于−20℃，可将该储备液 10 倍稀释

于预杂交液（常为含有 0.5% SDS 和 100μg/mL 经变性并被打断的鲑精 DNA 的 6×SSC 或 6×SSPE 中。50×Denhardt 液中含 5g 聚蔗糖（Ficoll，400 型）、5g 聚乙烯吡咯烷酮和 5g 牛血清蛋白（组分 V），加水至终体积为 500mL。

（二）BLOTTO

该试剂常用于 Grunstein-Hogness 杂交、Benton-Davis 杂交，除单拷贝序列 Southern 杂交以外的所有 Southern 杂交、斑点印迹（点渍法）。

1×BLOTTO（bovine lacto transfer technique optimizer，牛乳转移技术优化液）是含 5% 脱脂乳粉和 0.02% NaN_3 的水溶液，应保存于 4℃。使用前可用预杂交液稀释 25 倍。BLOTTO 不应与高浓度的 SDS 并用，因为后者会导致牛乳中的蛋白质析出。如果杂交背景不合要求，可在杂交液中加入 NP-40 至终浓度为 1%。BLOTTO 不能用作 Northern 杂交的封闭剂，因为这一封闭剂中可能含有 RNA 酶，其活性之高使人无法接受。

注意：NaN_3 有毒性，取时须戴手套小心操作。含 NaN_3 的溶液应予以标记。

（三）肝素

该试剂常用于 Southern 杂交、原位杂交。

肝素（从猪中提取的二级产品或相当等级的产品）用 4×SSPE 或 4×SSC 溶解配制成 50mg/mL 的浓度，保存于 4℃。肝素在含有葡聚糖硫酸酯的杂交液中用作封闭剂的浓度为 500μg/mL，在不含有葡聚糖硫酸酯的杂交液中的浓度为 50μg/mL。

经变性并被打断的鲑精 DNA（Sigma，Ⅲ型，钠盐）溶解于水配制成 10mg/mL 的浓度，必要时于室温磁力搅拌 2~4h 助溶。把溶液中 NaCl 的浓度调至 0.1mol/L，并用酚和酚：氯仿各抽提 1 次，回收水相。使 DNA 溶液快速通过 17 号皮下注射针头 12 次，以剪切 DNA，加入 2 倍体积用冰预冷的乙醇沉淀 DNA。离心回收 DNA 并重溶于水，配制成 10mg/mL 的浓度，测定溶液的 A_{260} 值并计算出精确的 DNA 浓度，然后煮沸 10min，分装成小份保存于 −20℃。临用前置沸水 10min 然后迅速在冰浴中骤冷。预杂交液中应含有 100μg/mL 经变性并被打断的鲑精 DNA。

七、分子生物学有毒试剂的净化处理和安全使用

（一）溴化乙锭溶液（即浓度＞0.5mg/mL 的溴化乙锭溶液）的净化处理

注意：溴化乙锭是强诱变剂，并有中性毒性，取用含有这一染料的溶液时务必戴手套，这些溶液经使用后应按下面介绍的方法之一进行净化处理。

1. 方法 Ⅰ　　用沙门氏菌-微粒体测活性降低法表明，本法可使溴化乙锭的诱变活性降低至原来的 1/200 左右。①加入足量的水使溴化乙锭的浓度降低至 0.5mg/mL 以下。②在所得溶液中加入 0.2 倍体积新配制的 5% 次磷酸和 0.12 倍体积新配制的 0.5mol/L $NaNO_2$，小心混匀。切记：检测该溶液的 pH 应小于 3.0。市售次磷酸一般为 50% 溶液，具有腐蚀性，应小心操作，必须现用现稀释。$NaNO_2$ 溶液（0.5mol/L）应用水溶解 34.5g $NaNO_2$ 并定容至终体积 500mL，现用现配。③于室温温育 24h 后，加入大大过量的 1mol/L $NaHCO_3$。至此该溶液可予以丢弃。

2. 方法 Ⅱ　　用沙门氏菌-微粒体测定法检查，经用本方法处理后，可使溴化乙锭的诱变活性降低至原来的 1/3000 左右。但也有报道，在用净化溶液处理的"空白"样品中，偶尔有

一些仍具有诱变活性。①加入足量的水使溴化乙锭的浓度降低至 0.5mg/mL 以下。②加入 1 倍体积的 0.5mol/L KMnO₄，小心混匀后再加 1 倍体积的 2.5mol/L HCl。小心混匀，于室温放置数小时。③加入 1 倍体积的 2.5mol/L NaOH，小心混匀后可丢弃该溶液。

（二）溴化乙锭稀溶液（如含有 0.5μg/mL 溴化乙锭的电解缓冲液）的净化处理

1. 方法Ⅰ ①每 100mL 溶液中加入 29g Amberlite XAD-16，这是一种非离子型多聚吸附剂。②于室温放置 12h，不时摇动。③用 Whatman 1 号滤纸过滤溶液，丢弃滤液。④用塑料袋封装滤纸和 Amberlite 树脂，作为有害物质予以丢弃。

2. 方法Ⅱ ①每 100mL 溶液中加入 100mg 粉状活性炭。②于室温放置 1h，不时摇动。③用 Whatman 1 号滤纸过滤溶液，丢弃滤液。④用塑料袋封装滤纸和活性炭，作为有害物质予以丢弃。

注意：①用 HClO（漂白剂）处理溴化乙锭稀溶液并不可取。用沙门氏菌-微粒体测定法检验，这样处理可使溴化乙锭的诱变活性降低至原来的 1/1000 左右，但溴化乙锭却转化成一种在微粒体存在的情况下具有诱变活性的化合物。②溴化乙锭在 262℃分解，在标准条件进行焚化后不可能再有危害性。③ Amberlite XAD-16 或活性炭可用于净化被溴化乙锭污染的物体表面。

（三）苯酚

苯酚具有杀菌消毒作用。纯酚为白色，熔点为 43℃，氧化后变成粉红色。它一旦吸入或经皮肤吸收会造成头痛、恶心、虚脱、呼吸困难乃至死亡。被酚腐蚀的皮肤出现白色软化区，开始不疼（因酚有麻醉作用），后有灼热感。它能被皮肤迅速吸收，应用水冲洗而不用乙醇。

（四）氯仿和异戊醇

氯仿对光敏感，应放在棕色瓶中。不要把氯仿和丙酮混合。强碱与之混合会发生一系列爆炸。异戊醇蒸汽有毒。

（五）DEPC

DEPC 能使 RNase 失活，并与氨形成一种强烈致癌物——尿烷，故操作时应小心，因为其会与体内的氨起反应，并且会刺激眼睛、黏膜和皮肤。DEPC 在纯水中会迅速分解成乙醇和 CO_2，放置过夜或加热 15min 即已无害。

（六）羟甲基汞

羟甲基汞极毒，具挥发性，高浓度在通风橱中操作，低浓度则不用。

（七）放射性物质

操作时要小心，减少一切不必要的辐射。β粒子撞击目标产生韧致辐射，韧致辐射量与所选的屏蔽物的密度成正比，因此第一层防护物应为低密度物质，如塑料，第二层用高密度物质如铅盒吸收散发的韧致辐射。人体最大 ^{32}P 承受力为 30μCi[①]，但骨组织为 10μCi。

---

① 1Ci=3.7×10¹⁰Bq。

（八）丙烯酰胺

丙烯酰胺为神经毒素，经皮肤吸收，其作用能积累。在称量粉末状丙烯酰胺和 N,N'-甲叉双丙烯酰胺时应戴手套和口罩，处理时也应一直戴手套，虽然聚丙烯酰胺是无毒的，但仍需小心，因为有可能有微量未聚合的丙烯酰胺。

（九）苯甲基磺酰氟（PMSF）

PMSF 对呼吸道、眼睛、黏膜和皮肤有极大破坏作用，如吸入肺、喝下或通过皮肤吸收可以致命。若污染即用大量水冲洗，丢掉污染的衣服。PMSF 在水溶液中失活，随 pH 上升而失活加快。20μmol/L PMSF 的 pH 为 8.0，半衰期为 35min。